青少年机器人与人工智能系列

哈工大机器人与智能制造青少年科技培养基地指定教材

主编：蔡鹤皋

学micro:bit玩机器人

高 山 编著

U0223115

哈爾濱工業大學出版社

HARBIN INSTITUTE OF TECHNOLOGY PRESS

内 容 简 介

micro:bit 是一款风靡全球的开源硬件。它是一种手持式可编程微型计算机，集成了温度传感器、蓝牙、陀螺仪、LED 点阵等多种先进的器件。书中详细讲解 micro:bit 控制器及控制器包含的按钮、LED 点阵、陀螺仪、蓝牙、温度传感器的原理和编程控制方法。同时，书中还讲解了声音传感器和热释电传感器等常用传感器的原理和使用方法。

本书通过 16 个精彩的 micro:bit 编程案例，根据 PBL 项目式教学方法，以任务驱动的方式，由浅入深地为学生讲解 micro:bit 的使用方法和编程技巧。本书适用于 micro:bit 初学者以及中小学生机器人学习者；同时，也适合作为中小学校进行校内机器人课堂教学或课外实践活动的参考用书。

图书在版编目(CIP)数据

学micro:bit玩机器人 / 高山编著. —哈尔滨：哈尔滨工业大学出版社，2019.10
（青少年机器人与人工智能系列 / 蔡鹤皋主编）
ISBN 978-7-5603-8564-8

I. ①学… Ⅱ. ①高… Ⅲ. ①可编程序计算器－青少年读物 Ⅳ. ①TP323-49

中国版本图书馆CIP数据核字(2019)第235237号

学micro:bit玩机器人
XUE micro:bit WAN JIQIREN

责任编辑　张　荣
出版发行　哈尔滨工业大学出版社
社　　址　哈尔滨市南岗区复华四道街10号　邮编150006
传　　真　0451-86414749
网　　址　http://hitpress. hit. edu. cn
印　　刷　哈尔滨市石桥印务有限公司
开　　本　720mm × 1000mm　1/16　印张 8.5　字数 106 千字
版　　次　2019年10月第1版　2019年10月第1次印刷
书　　号　ISBN 978-7-5603-8564-8
定　　价　42.00元

(如因印刷质量问题影响阅读，我社负责调换)

《青少年机器人与人工智能系列》
编 委 会

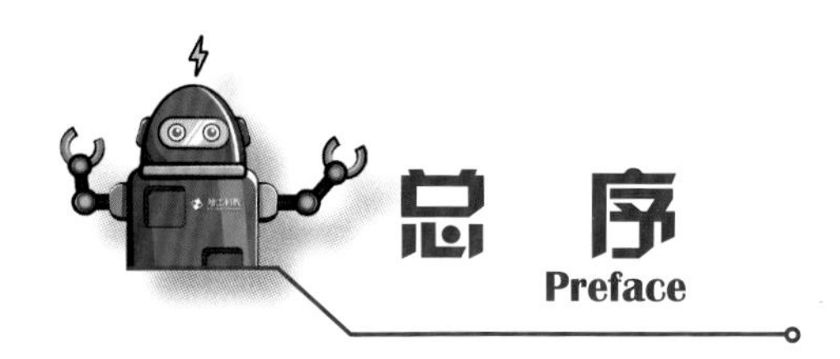

总 序

Preface

本套教材能够成功出版，离不开全体教研人员认真严谨的治学态度和日以继夜的勤劳努力，我作为主编，对他们表示由衷的感谢。

该教材整体以育人为本的理念为核心，机器人知识为骨架，编程知识为血肉，三者合而为一，融为一体，循序渐进地引导孩子们学习机器人与智能制造的基本概念，以达到提升科学素养、启迪创新思维的目的。这套教材，对孩子们在机器人领域的初学尝试大有裨益。

中国的机器人技术发展其实是先天不足的，早在20世纪70年代，当时国内机器人研究一穷二白，与美日两国的差距至少有20年。1979年，那年45岁的我来到美国加州大学伯克利工学院机械工程系，进修机器人技术和研究。落后就要奋发，在美期间，我对机器人的机构、运动学、动力学、机器人的硬件与软件控制系统进行了全面研究。4年后，学成归国的我，终于可以底气十足地说："美国人能造机器人，我们中国人也能造机器人！"

自20世纪80年代开始，在航天部和哈工大的支持下，我们国家的机器人研究取得了较大的进步：第一台弧焊机器人研制成功；"863计划"促进了机器人技术的全面发展；智能机器人专家组、机器人研究所先后成立。

经过数十年在机器人领域不断的上下求索，我们国家的机器人研究与应用已经遍地开花，工业、农业、军工、商业、医疗、航空等领域，都取得了很好的效果。此外，机器人智能化程度也越来越高，功能越来越先进，逐渐向人的功能发展，使机器人具有视觉、听觉、触觉、力觉和思维等功能。

孩子们现在学习机器人知识，是很有必要的。制造业是国民经济的主体，是立国之本、兴国之器、强国之基，没有强大的制造业，就没有国家和民族的强盛。新一轮产业革命正在兴起，势必对制造业产业和企业产生深刻影响，因此我国迫切需要推进甚至引领新工业革命的发展，广泛应用互联网、大数据、人工智能等赋能产业转型升级，由中国制造向中国智造推进。而在制造业转型升级过程中，要用中国自己的机器人发展制造业，让制造业更加自动化、智能化、信息化。学习和实践机器人相关编程理论知识，将有助于提升孩子们的观察力、想象力和创造力，引导孩子们将知识学好、学活、用活，学以致用，在创新中成长、成才。

孩子们现在学习机器人知识，时机也是最好的，因为你们是站在前人的肩膀上的。孩子们，你们是国家的未来，民族的希望，也是机器人领域日后的主人翁；你们是最富有朝气，最富有梦想，最富有创造力的。而我们这老一辈人，则会尽我们最大努力，将你们培养成创新人才，为你们播种和点燃机器人梦想，为实现中国梦增添强大青春能量！

哈尔滨工业大学教授，中国工程院院士

蔡鹤皋

2019 年 10 月

前 言

Introduction

机器人技术是综合数学、物理、电子、编程、机械等多学科专业知识的一种高新技术。中小学机器人教育可以培养学生创新与实践的能力，有利于鼓励学生大胆想象，运用不同的理念和方法去解决生活实际问题，从而培养学生的计算思维和创新思维，提升学生的科学素养。

micro:bit是一款风靡全球的开源硬件。它是一种手持式可编程微型计算机，集成了温度传感器、蓝牙、陀螺仪、LED点阵等多种先进的器件，为学生学习机器人知识和编程技术提供了一个非常好的平台。本书中主要使用micro:bit图形化编程软件为机器人进行编程，该软件简单易学；在学习编程技术的同时，注重解决问题，培养学生的计算思维能力。书中详细讲解micro:bit控制器及控制器包含的按钮、LED点阵、陀螺仪、蓝牙、温度传感器的原理和编程控制方法。同时，书中还讲解了声音传感器和热释电传感器等常用传感器的原理和使用方法。

本书通过16个精彩的micro:bit编程案例，根据PBL项目式教学方法，以任务驱动的方式，由浅入深地为学生讲解micro:bit的使用方法和编程技巧。书中机器人是通过micro:bit控制器和乐高积木进行搭建的，易于操作，学生在每个任务案例中通过基本任务—进阶任务—拓展任务的思维路径，不断地利用新学习的知识挑战更难的任务，从而巩固已学知识。本书为“哈工大机器人与智能制造青少年科技培养基地”指定教材。

笔者是北京市第二中学的信息技术教师，是一名有16年机器人教学经验的一线教师，具有丰富的机器人教学和竞赛经验，多次指导学生获得全国青少年机器人竞赛金牌。本书适用于micro:bit初学者以及中小学生机器人学习者；同时，也适合作为中小学校进行校内机器人课堂教学或课外实践活动的参考用书。通过本书的学习，学生可以掌握micro:bit微型计算机、基本传感器的知识，以及机器人搭建技巧，培养思考问题、解决问题的思维模式。

最后，感谢中国工程院院士蔡鹤皋教授在本书撰写过程中的细心指导和帮助！感谢北京东城区教育研修学院李宇翔老师的大力支持，感谢北京市第二中学领导和老师们的帮助！

由于编者水平有限，书中的疏漏与不妥之处在所难免，衷心希望读者批评指正。

高山

2019. 9

目录 Contents

本书的所有内容都是围绕 micro:bit 进行的。因此，在学习本书的时候，首先你需要有一个 micro:bit 微型计算机。

扫描上方二维码可获取以下资源：

- 编程软件下载和安装的方法：我们所使用的是图形化编程语言，编程时需要使用 MakeCode 离线编程软件，软件中已添加了本书项目的专属扩展模块。

- 作品结构搭建引导：为了让大家有更好的学习体验，在后面的项目中我们使用了扩展硬件套装，以实现更丰富的作品效果，并有详细介绍和搭建过程引导。

- 持续更新的项目代码资源：获取本书项目中的最新代码，免费成为我们线上学习平台用户，获取海量学习资源。

第1课 lesson one 神奇的控制器

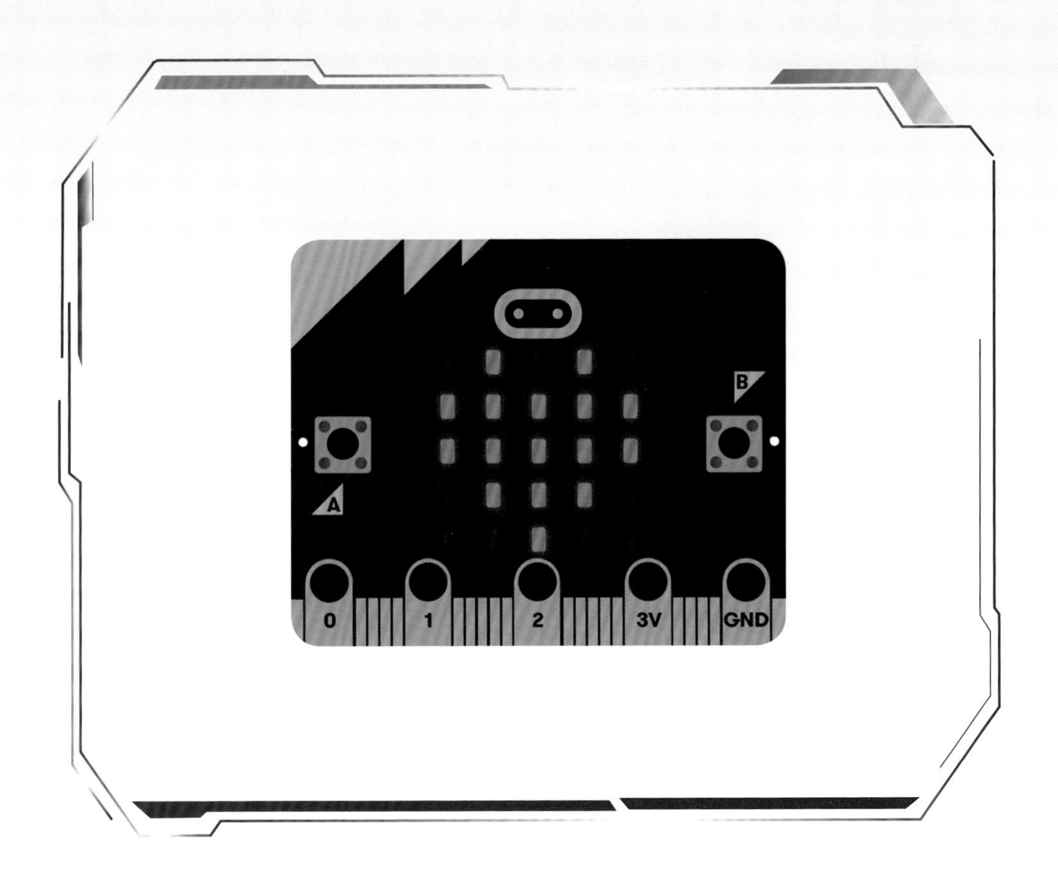

一 学习目标

（1）了解控制器的基本组成和工作原理。

（2）学会使用图形化编程控制 LED 点阵显示图形和文字。

（3）掌握图形化程序编写及程序下载的方法。

二 学习新知

1. 初识控制器

控制器可以看作机器人的“大脑”，本书中使用的 micro:bit 控制器是一款基于 ARM 架构的控制器，它的正面如图 1–1 所示，背面如图 1–2 所示。该控制器可以看成是一个微型电脑，在控制器上板载了蓝牙天线、加速度计、电子罗盘、两个可编程按钮和 5 × 5 可编程 LED 点阵（简称 LED 点阵）等输入、输出设备。

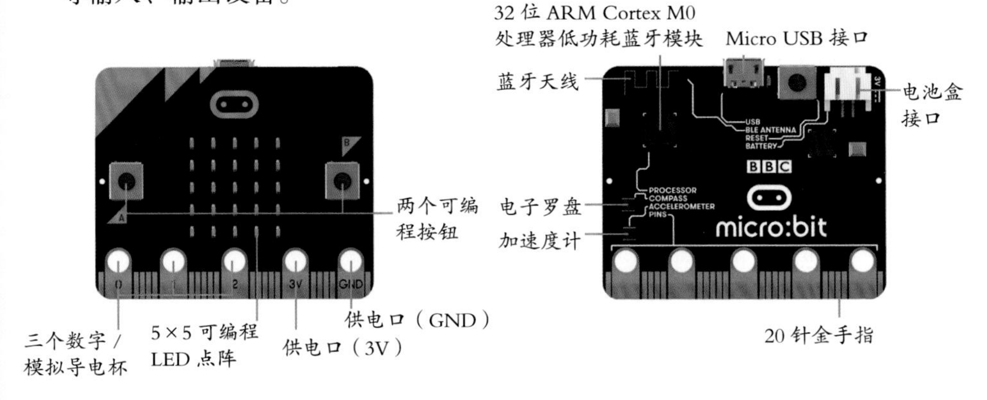

图 1–1　控制器正面　　　　图 1–2　控制器背面

2. 图形化设计语言

机器人本身不具有智能，它需要依靠我们人类编写程序，机器人依靠程序指令来进行判断和动作。本课程使用的是图形化编程，图形化编程软件简单易学且功能强大。打开 MakeCode 离线编程软件，点击界面中“新建项目”，即可进入图形化编程界面，如图 1–3 所示。我

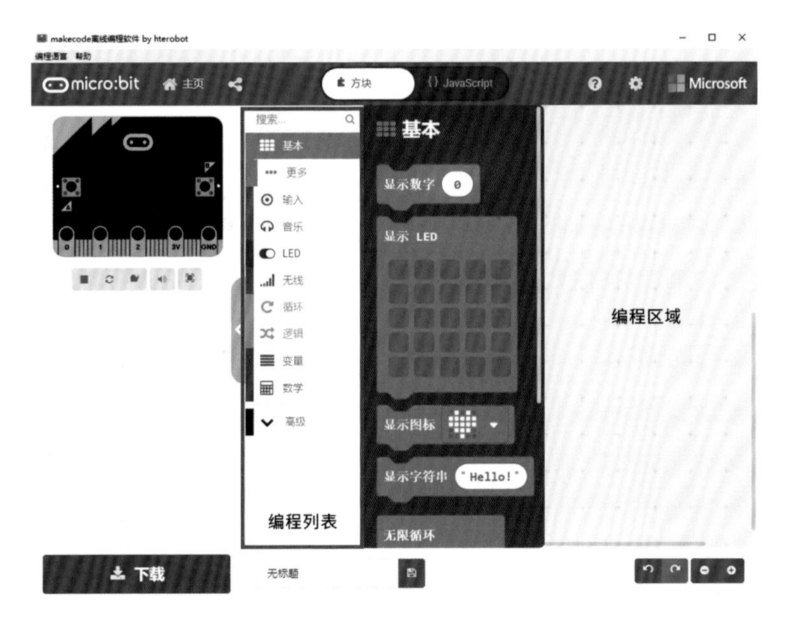

图 1-3 图形化编程界面

们在编写程序的时候，只需要将中间编程列表中的编程模块拖到右侧的编程区域中，就可以轻松地实现程序编写。

3. 显示屏幕

控制器上集成了一个 5×5 的 LED 点阵，它虽然不能显示非常复杂的图像，但是一些简单的中文、英文、数字等的信息都可以在屏幕上显示出来，如图 1-4 所示，图中 LED 点阵上正在显示数字“7”。

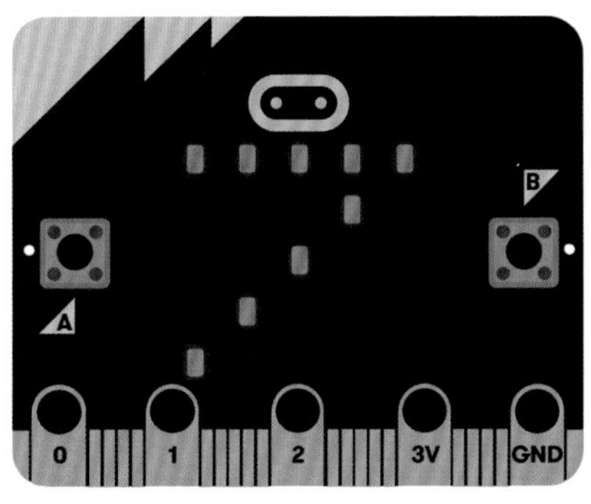

图 1-4 LED 点阵

4. 显示编程模块

在软件的图形化编程界面中单击“基本”编程列表，可以看到关于屏幕显示的编程模块，如图 1-5 所示。

图 1-5　显示的编程模块

显示编程模块的功能和作用见表 1-1。

表 1-1　显示编程模块的功能和作用

序号	编程模块	功能和作用
1	显示数字 0	显示数字模块，并将输入框中的数字在 LED 点阵上显示出来
2	显示 LED	显示 LED 模块，每一个浅蓝色的小矩形对应着 LED 点阵上的一个 LED 灯。点击浅蓝色的小矩形使其变成白色，则对应的 LED 点阵上的灯也会点亮
3	显示图标	显示图标模块，可以点击图标的样式进行选择，在 LED 点阵上会显示出对应的形状
4	显示字符串 "Hello!"	显示字符串模块，根据输入的字符串，在 LED 点阵上将会显示输出的字符串

三 设备和材料

（1）micro:bit 控制器：1 块。

（2）电源：1 个。

（3）Micro USB 数据线：1 根。

四 牛刀小试

任务 1：在 LED 屏幕上显示“I love you!”。

编写你的第一个程序吧！在 LED 点阵上显示文字“I love you!”，向世界说声“我爱你！”，程序如图 1–6 所示。

图 1–6 显示“ I love you!”的程序

程序下载完成后，将看到控制器的 LED 点阵上正在从右向左依次显示“ I love you!”的字母，如图 1–7 所示。

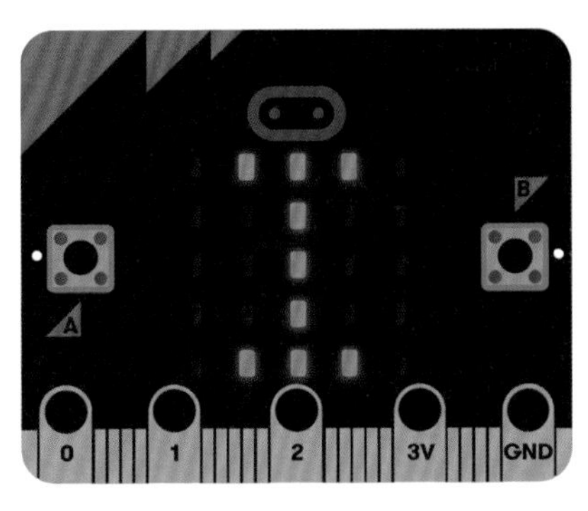

图 1–7 “ I love you!”程序运行结果（正在显示字母“I”）

知识加油站

下载方法：程序编写完成后，用电脑连接控制器，将弹出一个像 U 盘一样的磁盘设备，单击编程软件“下载”按钮，完成程序的下载。

任务 2： 显示跳动的爱心。

LED 点阵上可以显示英文字符，也可以显示不同的图案，下面尝试编写程序：在 LED 点阵上显示一颗爱心，并且制作让它跳动的动画效果，程序如图 1-8 所示。

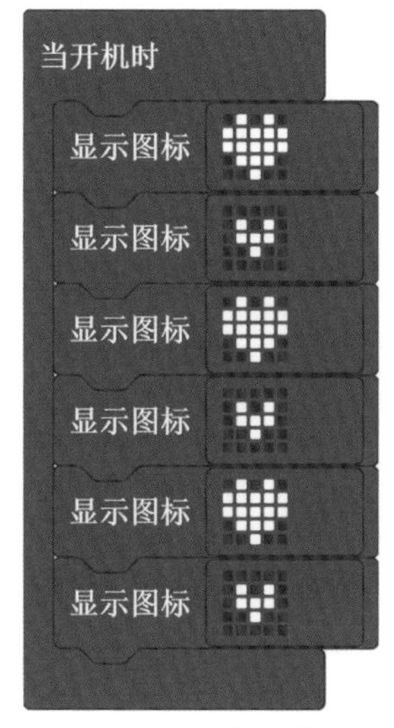

图 1-8　显示跳动的爱心的程序

知识加油站

如果想要删除一个不需要的编程模块，只需要使用鼠标将这个编程模块拖放到中间的编程列表区域就可以删除了。

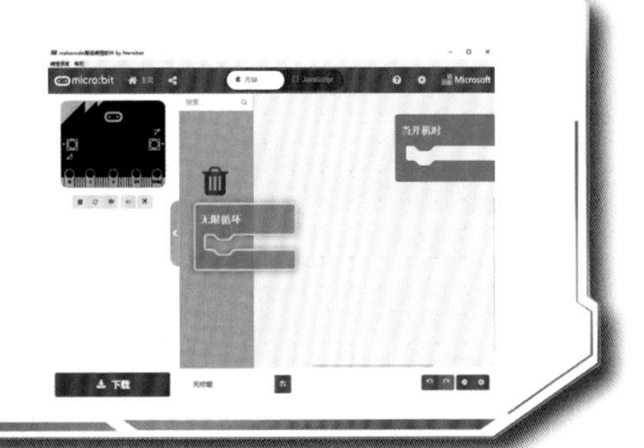

显示爱心的程序运行结果如图 1-9 所示，图中 LED 点阵正显示红色跳动的爱心。

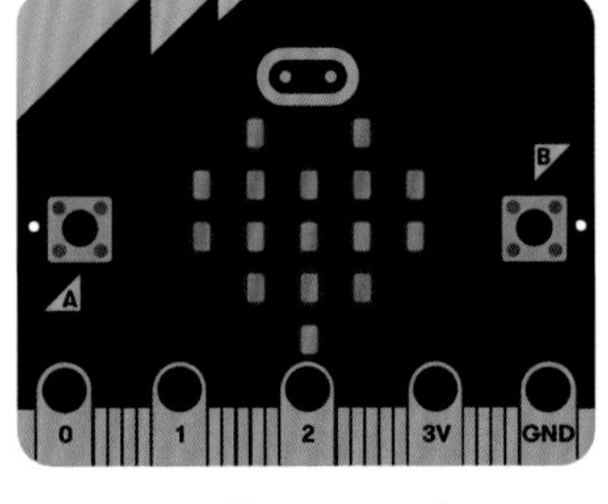

图 1-9 显示爱心的程序运行结果

五 想一想

（1）通过前面的任务，我们知道英文和图形是可以直接显示出来的，那么请想一想，中国的汉字是否可以显示呢？请自行设计两个汉字，填写在图 1-10 的方框格中。

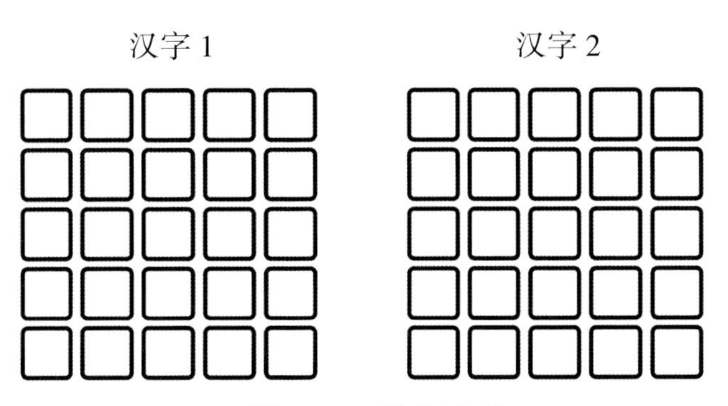

图 1-10 设计汉字

（2）请尝试编写程序实现汉字的显示，在 LED 点阵上显示“丁丁”两个字。

六 学习进阶

控制器还可以计算数学问题，请尝试计算“543+285”、“15*16”、“357/21”，并将公式和结果顺序显示在 LED 点阵上。

七 知识拓展

数码管

在 micro:bit 控制器上，使用了 5×5 可编程 LED 点阵作为输出设备。在日常生活中，数码管（LED Segment Displays）是一个常用的、由 LED 阵列构成的显示设备，可以显示数字，它是由 7 个发光二级管组成 8 字形构成的，加上小数点就是 8 个发光二级管。这些发光二级管分别由字母 a、b、c、d、e、f、g、dp 来表示，如图 1-11 所示。例如，显示一个“2”字，应当是 a 亮、b 亮、g 亮、e 亮、d 亮，以及 f 不亮、c 不亮 、dp 不亮。

图 1-12 所示为小区单元门上的门禁系统，该系统使用数码管显示按键号码。

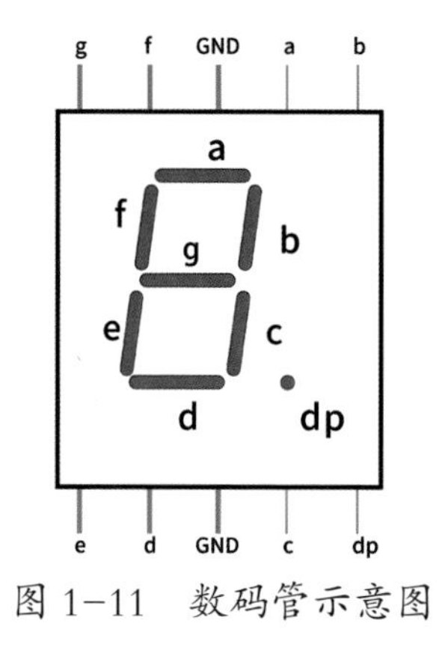

图 1-11　数码管示意图

图 1-12　小区门禁系统

课后答案

想一想

显示汉字“丁丁”的程序如图 1–13 所示。

图 1–13 显示汉字“丁丁”的程序

程序运行结果如图 1–14 所示，图中 LED 点阵正在显示“丁丁”两个汉字。

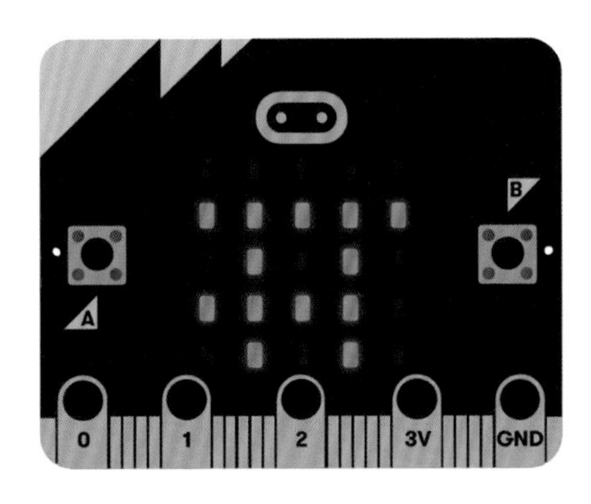

图 1–14 显示“丁丁”两个汉字的程序运行结果

学习进阶

（1）计算“543+285”。

计算“543+285”的程序如图 1–15 所示。

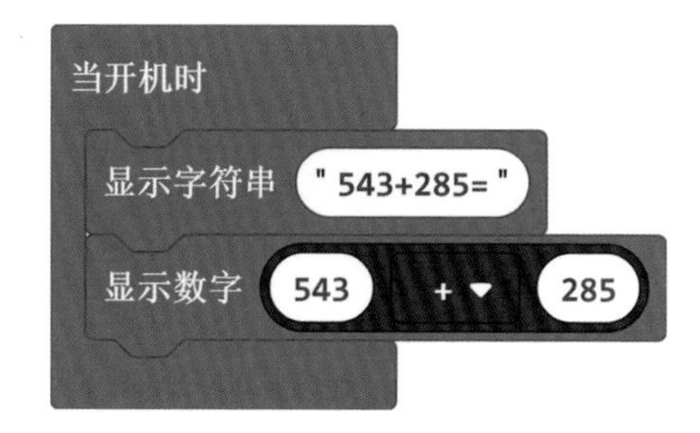

图 1–15　计算“543+285”的程序

（2）计算“15*16”。

计算“15*16”的程序如图 1–16 所示。

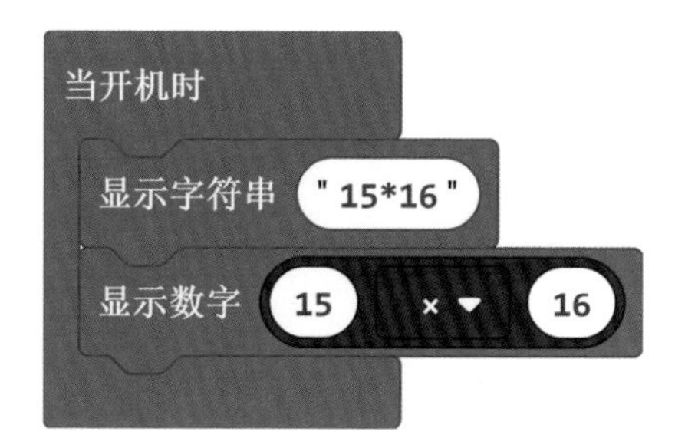

图 1–16　计算“15*16”的程序

（3）计算“357/21”。

计算“357/21”的程序如图 1–17 所示。

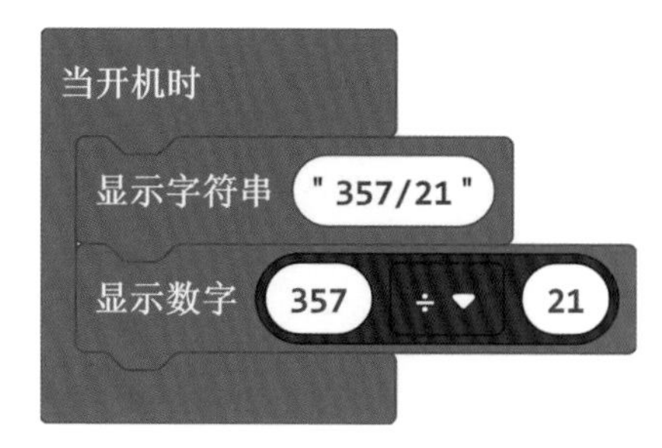

图 1–17　计算“357/21”的程序

第2课 lesson two 灯语摩斯密码

Morse Code

A	•—	M	——	Y	—•——	6	—••••
B	—•••	N	—•	Z	——••	7	——•••
C	—•—•	O	———	Ä	•—•—	8	———••
D	—••	P	•——•	Ö	———•	9	————•
E	•	Q	——•—	Ü	••——	.	•—•—•—
F	••—•	R	•—•	Ch	————	,	——••——
G	——•	S	•••	0	—————	?	••——••
H	••••	T	—	1	•————	!	••——•
I	••	U	••—	2	••———	:	———•••
J	•———	V	•••—	3	•••——	"	•—••—•
K	—•—	W	•——	4	••••—	'	•————•
L	•—••	X	—••—	5	•••••	=	—•••—

一 学习目标

（1）了解摩斯密码的表示方法。

（2）理解数字设备的概念。

（3）掌握顺序结构和重复次数程序的编写。

二 学习新知

1. 摩斯密码表

摩斯密码（Morse Code）是一种数字化通信形式，它由两种基本信号组成，一个是“点”，另外一个是“横”。“点”代表轻按一下，“横”代表长按一下，摩斯密码表如图 2-1 所示。

Morse Code

A	.-	M	--	Y	-.--	6	-....
B	-...	N	-.	Z	--..	7	--...
C	-.-.	O	---	Ä	.-.-	8	---..
D	-..	P	.--.	Ö	---.	9	----.
E	.	Q	--.-	Ü	..--	.	.-.-.-
F	..-.	R	.-.	Ch	----	,	--..--
G	--.	S	...	0	-----	?	..--..
H	....	T	-	1	.----	!	..--.
I	..	U	..-	2	..---	:	---...
J	.---	V	...-	3	...--	"	.-..-.
K	-.-	W	.--	4	....-	'	.----.
L	.-..	X	-..-	5	.....	=	-...-

图 2-1 摩斯密码表

2. 数字设备

LED 灯通常有两种状态，即“亮”和“灭”，在计算机编程语言中，可以用“0”和“1”这两种信号来表示这两种状态。像这种只用这两种信号作为输入和输出的设备，我们称它为数字设备。

3. 暂停模块

暂停模块，通常也称为延时模块，暂停 100 ms 的程序如图 2-2 所示。我们经常使用它来控制时间，该模块中的单位为毫秒 (ms)，1 秒（s）= 1 000 毫秒（ms）。

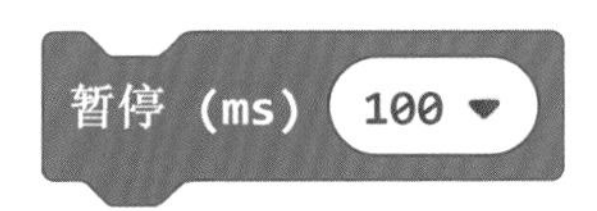

图 2-2　暂停 100 ms 的程序

4. 重复执行

按照重复的次数，重复执行模块中的语句块。图 2-3 所示为重复执行 4 次模块中的语句块。

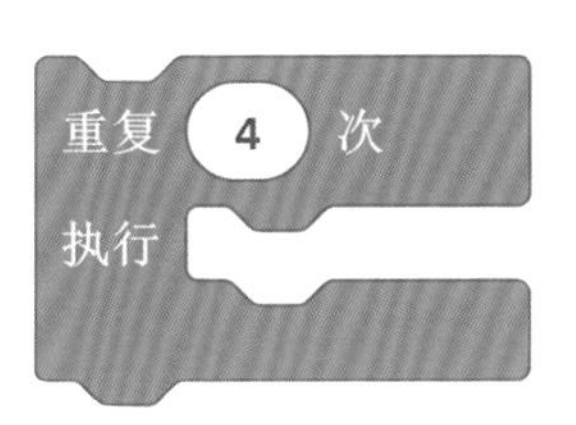

图 2-3　重复执行 4 次模块中的语句块

三 设备和材料

（1）micro:bit 控制器：1 块。

（2）电源：1 个。

（3）Micro USB 数据线：1 根。

四 牛刀小试

任务1：一闪一闪亮晶晶。

请你控制LED点阵上一闪一灭且执行3次，LED灯的图形可以自己定义，程序如图2-4所示。

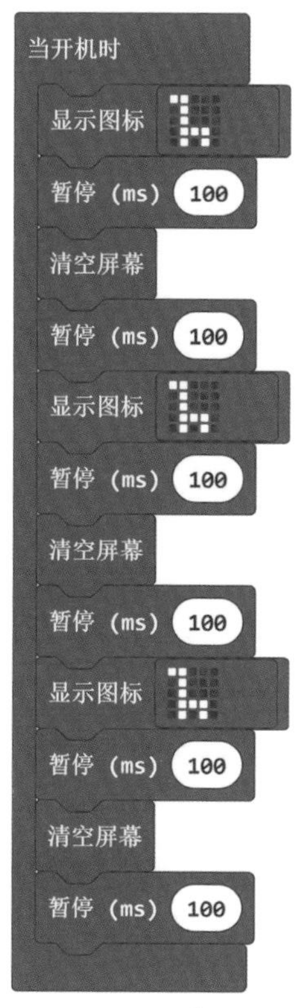

图2-4　一闪一闪亮晶晶的程序

程序运行结果如图2-5所示，一个长颈鹿形状的图案每隔100 ms就会闪烁一次，一共闪烁3次。

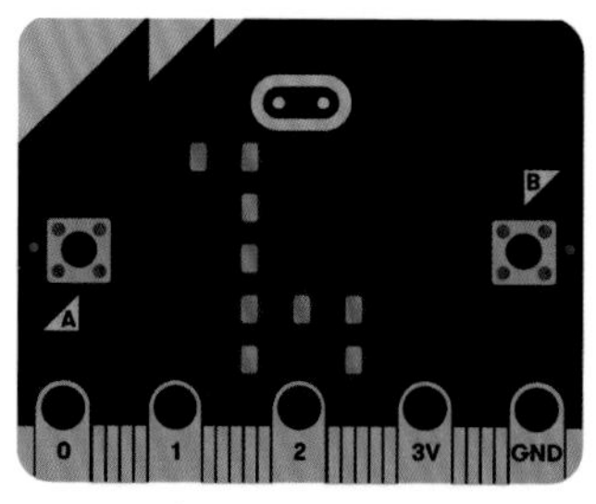

图2-5　长颈鹿闪烁3次的程序运行结果

任务 2：灯语摩斯密码“SOS”。

如果我们遇到紧急情况，可以发出摩斯密码向别人求救。请使用灯语摩斯密码表示“SOS”，横代表灯长时间亮，点代表灯短时间亮，程序如图 2-6 所示。

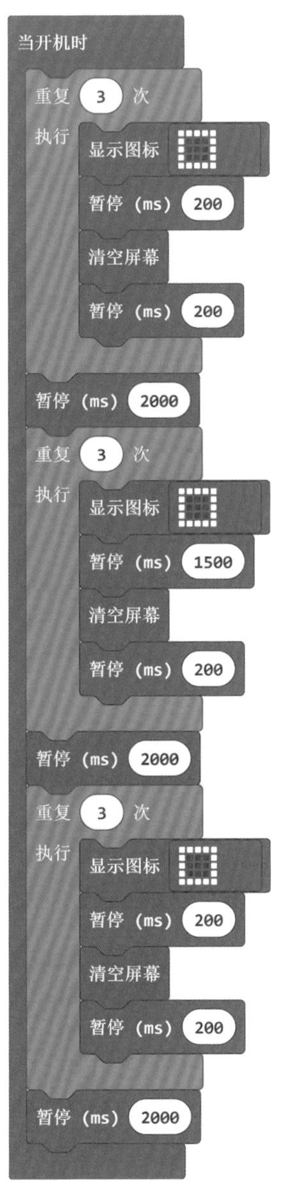

图 2-6 灯语“SOS”的程序

五 想一想

（1）摩斯密码除了用灯语表示，还可以用什么方式表示呢？

（2）请用摩斯密码表示英语单词。

A	P	P	L	E

D	O	G

六 学习进阶

请尝试使用灯语摩斯密码表示一个单词，例如，用灯语显示“早安”，如图 2–7 所示。请其他同学看看你编写的灯语，让他们使用摩斯密码理解你灯语的意思。

G ▬▬ ▬▬ ●　　M ▬▬ ▬▬

图 2–7　GM — Good morning（早安）摩斯密码

七 知识拓展

为什么要使用密码？

密码作为一种技术，有着悠久的历史。密码在古代就被用于传递秘密消息。在近代和现代战争中，传递情报和指挥战争均离不开密码，外交斗争中也离不开密码。密码一般用于信息通信传输过程中的保密和存储中的保密。随着计算机和信息技术的发展，密码技术的发展也非常迅速，应用领域不断扩展。密码信息主要分为明文数据、密文数据和密钥。

明文数据：指没有经过加密的数据，数据信息可以直接获得（图 2–8）。

密文数据：指经过加密后的数据，看上去像是一些杂乱无章、无意义的密文数据，而接收密文数据后通过解密，可以将密文数据还原成明文，这样就起了到信息保护的作用（图 2-9）。

图 2-8 明文数据

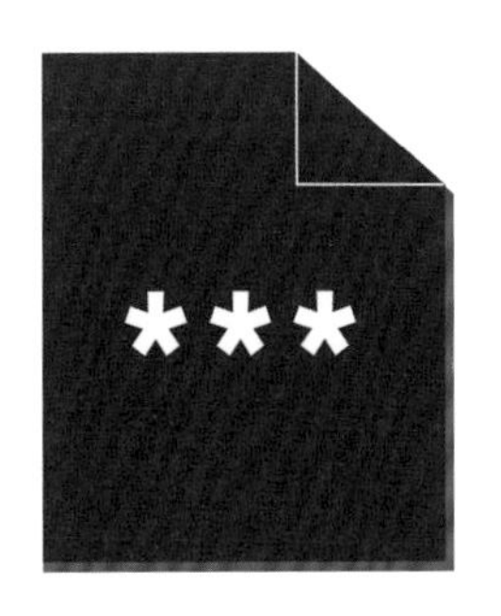

图 2-9 密文数据

密钥：密钥是一种参数，它是在明文转换为密文或将密文转换为明文的算法中输入的参数。数据加密过程如图 2-10 所示。

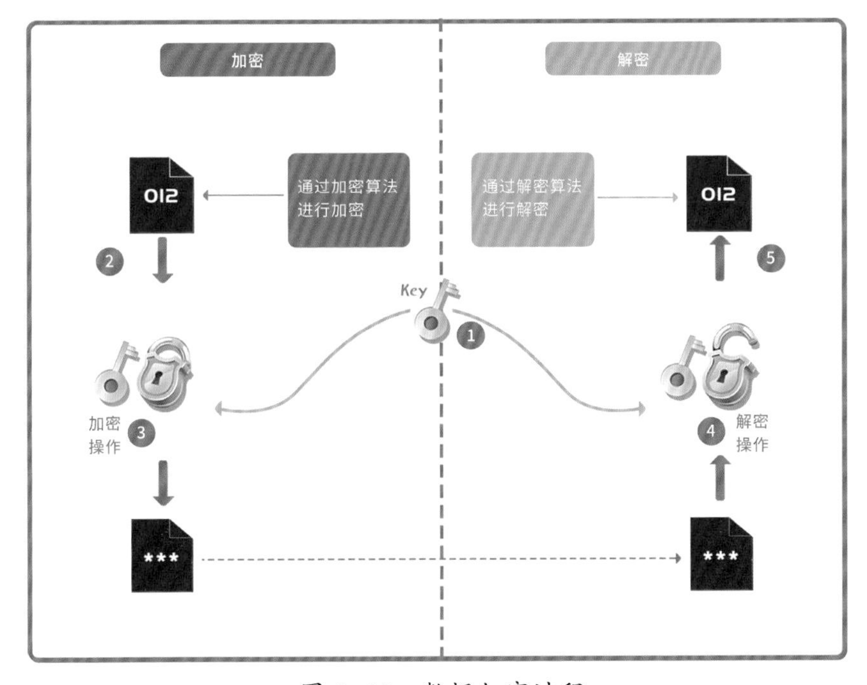

图 2-10 数据加密过程

课后答案

学习进阶

显示“早安”的程序如图 2-11 所示。

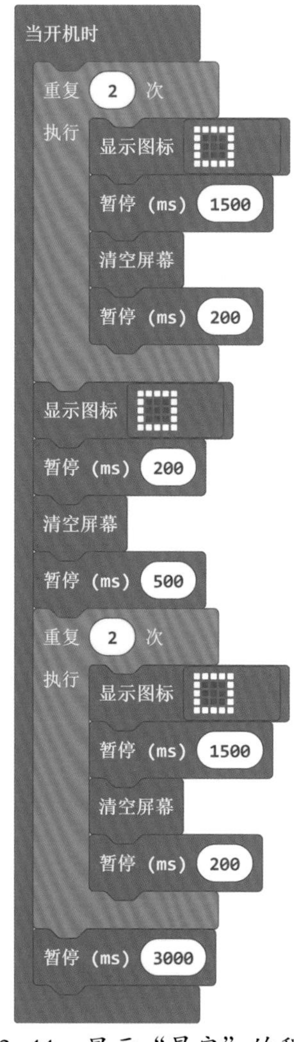

图 2-11　显示“早安”的程序

第3课 家居灯

lesson three

一 学习目标

（1）了解按钮的工作原理。

（2）理解条件分支语句和条件循环语句的概念和区别。

（3）掌握事件语句和条件语句程序的编写。

二 学习新知

1. 按钮的工作原理

按钮有两种工作状态：按下和松开。按钮是一种数字设备，又称为开关设备，micro:bit 控制器上有 A 和 B 两个按钮，如图 3–1 所示。

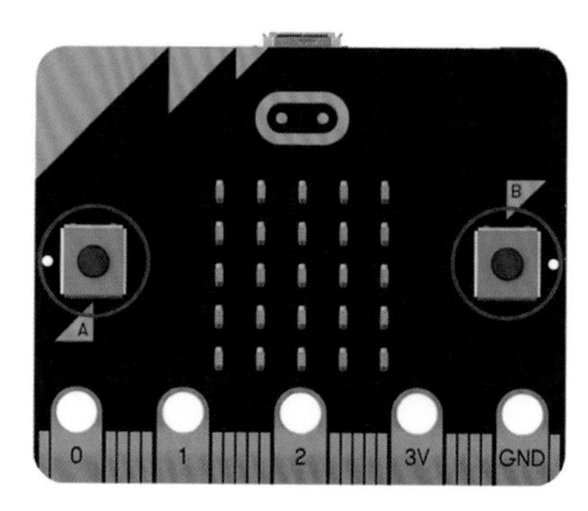

图 3–1　控制器按钮

2. 条件分支语句和条件循环语句

条件分支语句：在生活中，我们经常根据不同的条件，做出不同的判断。例如，天气寒冷，我们会穿上棉衣；天气闷热，我们会穿上短裤短衣。在编写程序的时候，也是需要根据不同的条件去执行不同的语句。条件分支语句模块如图 3–2 所示。如果条件成立，执行“则”后面的语句；条件不成立，执行“否则”后面的语句。

图 3-2 条件分支语句模块

条件循环语句：与条件分支语句不同，当条件成立时，它会循环“执行”后面的语句，直到条件不成立时，退出循环。条件循环语句模块如图 3-3 所示。

图 3-3 条件循环语句模块

3. 无限循环语句

无限循环中的语句将被无限次重复执行，其模块如图 3-4 所示。

图 3-4 无限循环语句模块

4. 事件模块

事件模块：当某件事情发生后，会执行指定事件的程序语句。例如“当按钮 A 被按下”事件，如果检测到按钮 A 被按下，那么就会执行事件模块中的程序语句，事件模块如图 3-5 所示。事件模块是一类容易理解而且使用方便的程序模块。

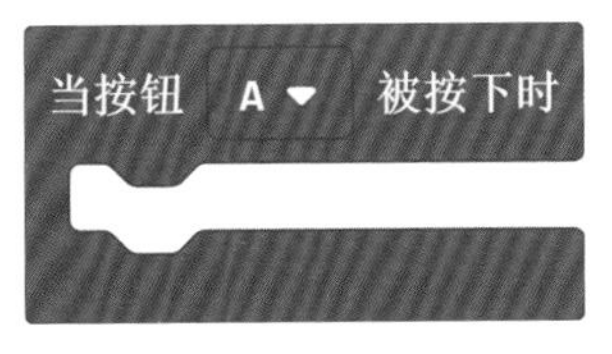

图 3-5 事件模块

三 设备和材料

（1）micro:bit 控制器：1 块。

（2）电源：1 个。

（3）Micro USB 数据线：1 根。

四 牛刀小试

任务 1：按住按钮 A，LED 灯亮；松开按钮 A，LED 灯灭。按下 A 时灯亮、松开 A 时灯灭的程序如图 3-6 所示。

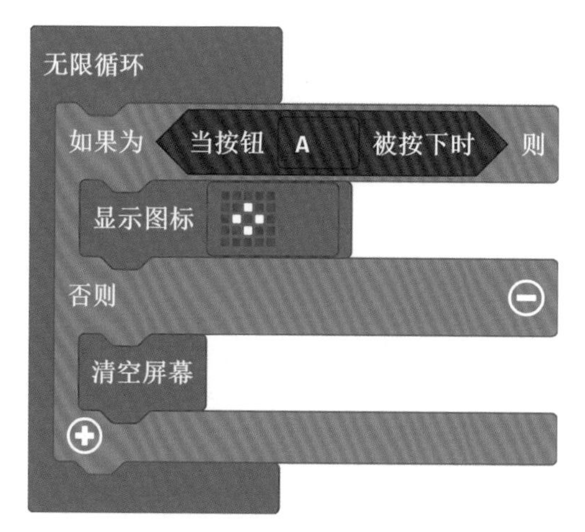

图 3-6 按下 A 时灯亮、松开 A 时灯灭的程序

按下 A 时灯亮、松开 A 时灯灭的程序运行结果如图 3-7 所示。

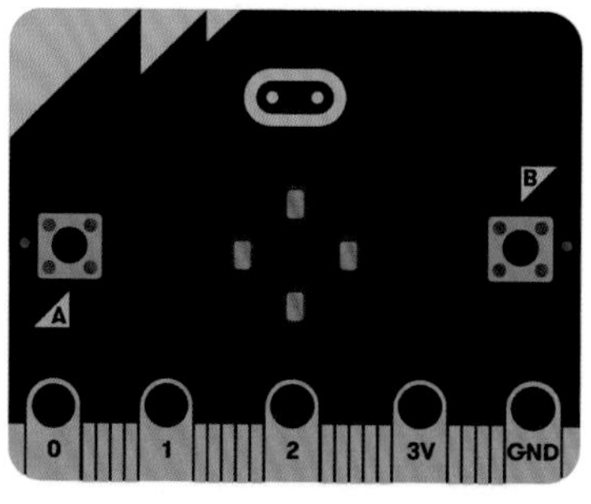

图 3-7 按下 A 时灯亮、松开 A 时灯灭的程序运行结果（图为按下时）

任务 2: 按下按钮 A 后松开，LED 灯亮；按下按钮 B 后松开，LED 灯灭。

按下 A 时灯亮、按下 B 时灯灭的程序如图 3-8 所示。

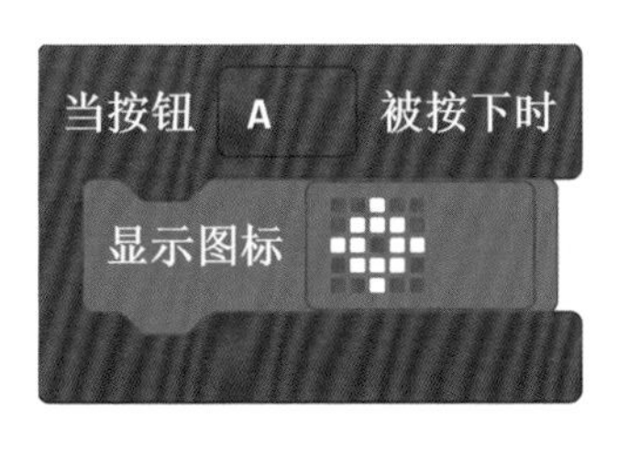

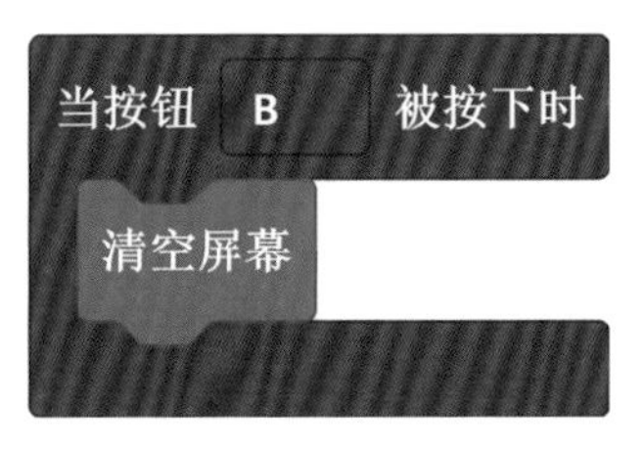

图 3-8 按下 A 时灯亮、按下 B 时灯灭的程序

五 想一想

如果需要同时按下按钮 A 和按钮 B 时灯亮，松开任意按钮时灯灭，那么程序需要如何编写呢?

知识加油站

我们使用两个条件分支语句也可以实现程序编写，但是你会发现使用条件分支语句时，按下按钮 A，再快速按下按钮 B 时，屏幕灯并不会灭掉。如果我们使用事件语句就不会产生这个问题，说明事件语句的执行优先级更高。

六 学习进阶

在生活当中，我们开灯和关灯通常都只用一个开关。请你编写一个程序：只使用按钮 A 来控制开、关灯，即按下按钮 A 后松开，LED 灯亮；再次按下按钮 A 后松开，LED 灯灭。

知识加油站

“非”编程模块在“逻辑”编程列表中，它的作用是将“非”编程模块后面的语句取反。例如，“非”后面语句是“当按钮 A 被按下时”，那么，取反后就是“按钮 A 没有被按下时”。

七 知识拓展

热释人体感应灯

如今，热释人体红外传感器已经应用到我们的生活当中，如感应灯、感应开关和感应机器人等。当人靠近这些设备时，设备就会自动启动。这样的装置既为我们的生活提供了便利，又节约了能源。图 3-9 和图 3-10 所示为热释人体感应灯。

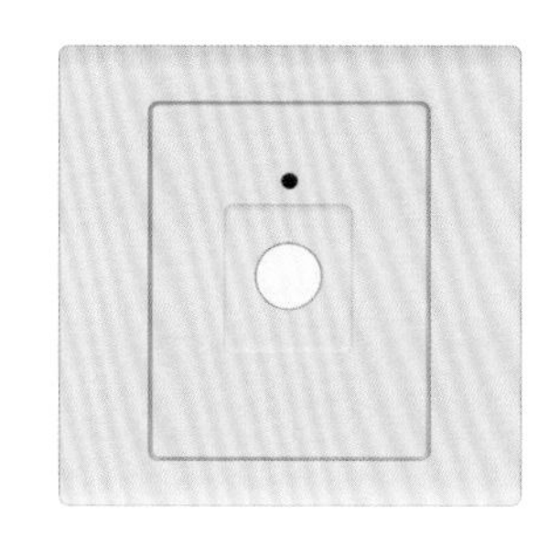

图 3-9 热释人体感应灯 1

图 3-10 热释人体感应灯 2

课后答案

想一想

同时按下按钮 A 和 B 时灯亮，松开任意按钮时灯灭，程序如图 3-11 所示。

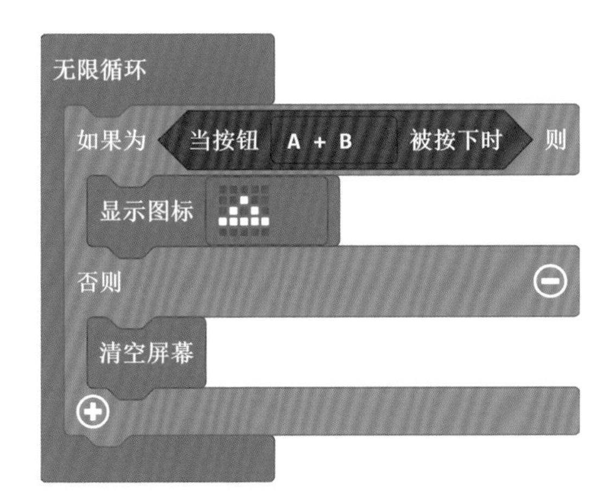

图 3-11 同时按下按钮 A 和 B 时灯亮的程序

学习进阶

按下按钮 A 时灯亮，再次按下按钮 A 时灯灭的程序如图 3-12 所示。

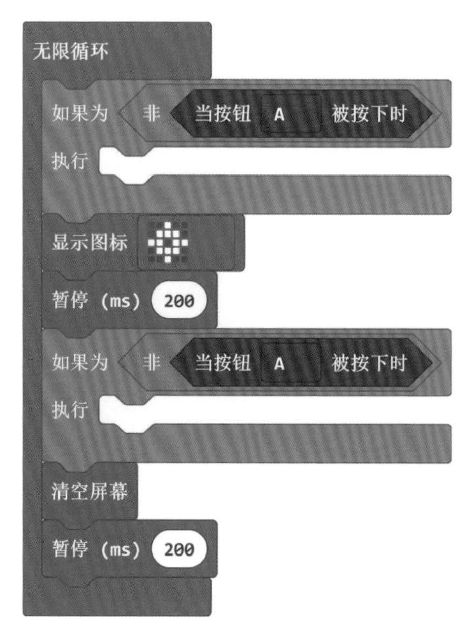

图 3-12　按下按钮 A 时灯亮，再次按下按钮 A 时灯灭的程序

第4课 声控灯

lesson four

一 学习目标

（1）了解声音传感器和扩展板工作的原理。

（2）理解模拟信号和模拟信号设备的概念。

（3）掌握 LED 灯亮度设置和声音传感器的程序编写。

二 学习新知

1. 模拟信号

模拟信号与数字信号不同，模拟信号是一种连续的信号，它在一定的时间范围内可以有无限多个不同的取值。例如，有些声音传感器、温度传感器等是模拟信号设备，模拟信号如图 4-1 所示。

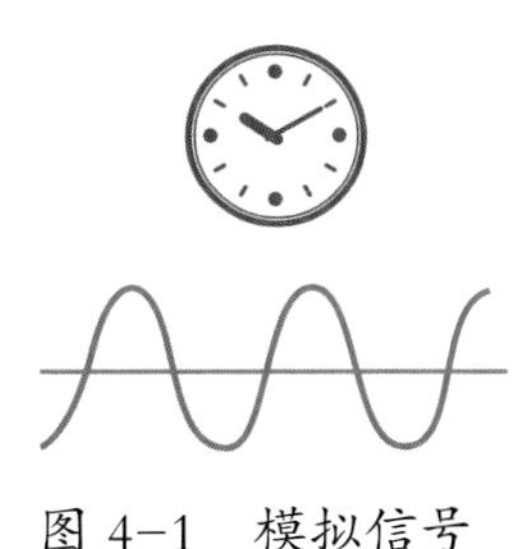

图 4-1　模拟信号

2. 声音传感器

声音传感器的作用相当于一个话筒（麦克风），它用来接收声波，并将声波信号转换为模拟信号。图 4-2 是本课中应用的声音传感器，它采集的信号为模拟信号，对应的范围是 0 ~ 1 024。声音传感器的收音器件是一个驻极体话筒拾音器，如图 4-3 所示。

图 4-2　声音传感器

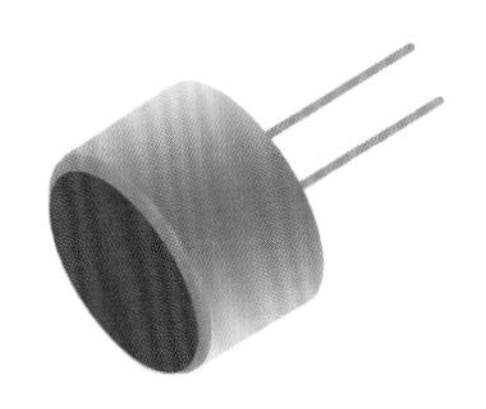

图 4-3　驻极体话筒拾音器

3. 扩展板

扩展板上可以安装多种传感器和输出设备，首先将控制器安装在扩展板上，如图 4-4 所示。然后将本课中使用的声音传感器安装到扩展板的“A0”引脚上。扩展板的具体内容将在第 11 课中介绍。

图 4-4 扩展板

4. 设置亮度编程模块

LED 点阵的亮度是可以修改的，通过修改设置亮度编程模块中的数字来调整亮度，数字 0 为灭灯，数字 255 为最亮，如图 4-5 所示。

图 4-5 设置亮度编程模块

5. 模拟读取拓展引脚编程模块

模拟数据的获取是通过模拟读取拓展引脚编程模块，声音传感器连接到“A0”接口，模拟读取拓展引脚需要选择“A0”引脚，如图 4-6 所示。

模拟读取拓展引脚 A0

图 4-6 模拟读取拓展引脚编程模块

三 设备和材料

（1）micro:bit 控制器：1 块。

（2）micro:bit 扩展板：1 块。

（3）电源：1 个。

（4）声音传感器（拾音传感器）：1 个。

（5）Micro USB 数据线：1 根。

（6）结构件：若干。

（7）连接线：若干。

小 技 巧

“HTERobot”编程列表不是默认出现在编程列表中的，需要手动添加这个编程列表，步骤如下：

（1）点击列表“高级”，展开列表，然后点击“扩展”。

（2）选择第一个名为“HTERobot”的扩展块。

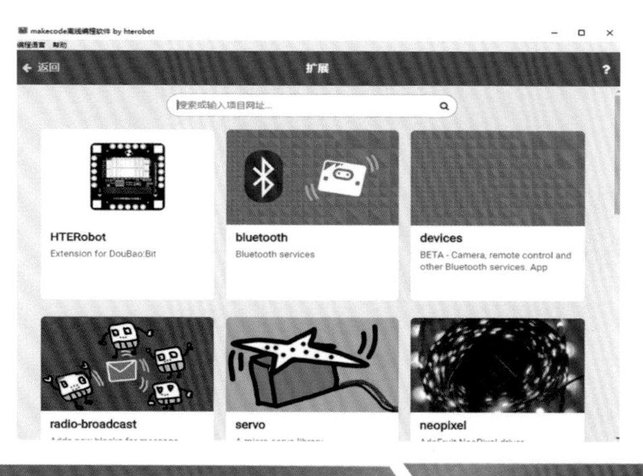

四 牛刀小试

任务 1：编写程序，将你的说话音量显示在 LED 点阵上。

你可以对着声音传感器发出较大的声音或者对着传感器吹气也可以达到同样的效果。将音量显示在 LED 点阵上的程序如图 4-7 所示。

图 4-7　将音量显示在 LED 点阵上的程序

LED 点阵上显示说话音量的程序运行结果如图 4-8 所示。LED 点阵上正在显示说话的音量为“11”中的“1”。

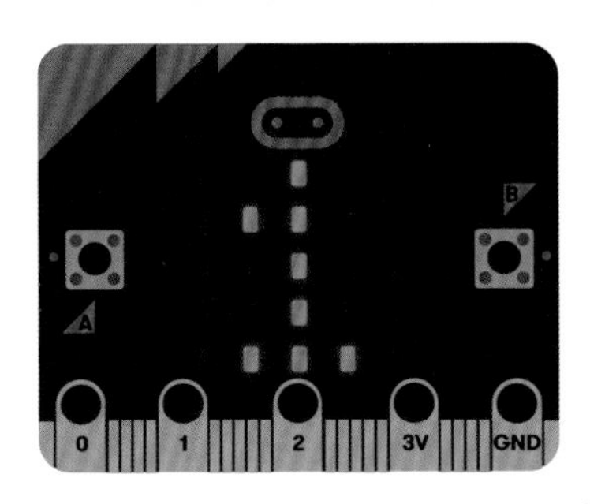

图 4-8 LED 点阵上显示说话音量的程序运行结果

任务 2：请你大声说出“你好”，LED 点阵上显示笑脸图标。

显示笑脸图标的程序如图 4-9 所示。

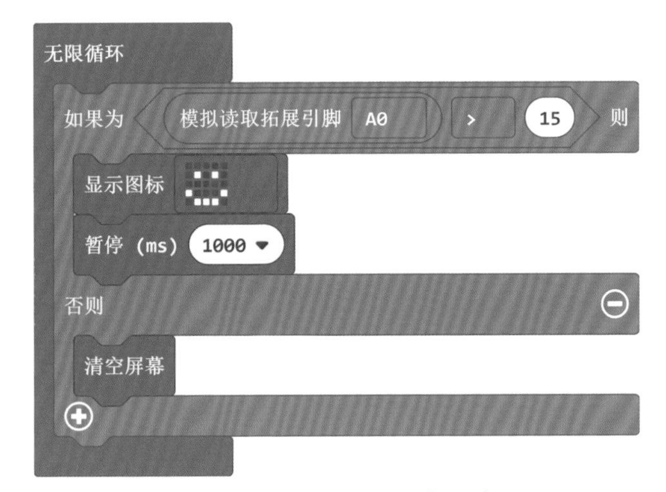

图 4-9 显示笑脸图标的程序

显示笑脸图标的程序运行结果如图 4-10 所示。大声说出“你好”之后，LED 点阵上正在显示笑脸。

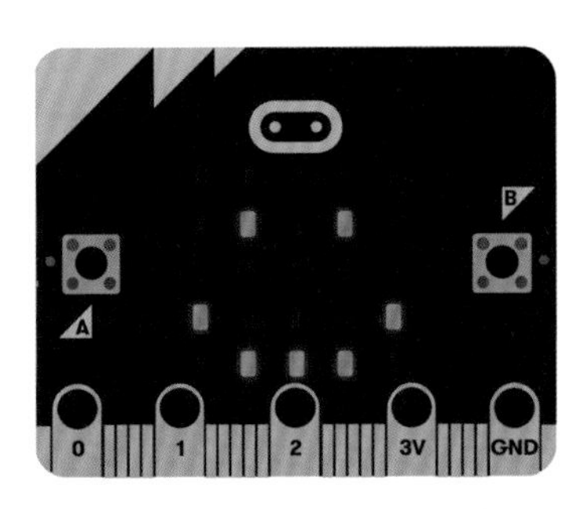

图 4-10 显示笑脸图标的程序运行结果

任务 3：当你发出声音后，LED 点阵上的图标亮度会变化，分别是暗、稍暗、稍亮、亮和最亮 5 个亮度级别。

LED 点阵上图标亮度变化的程序如图 4-11 所示。

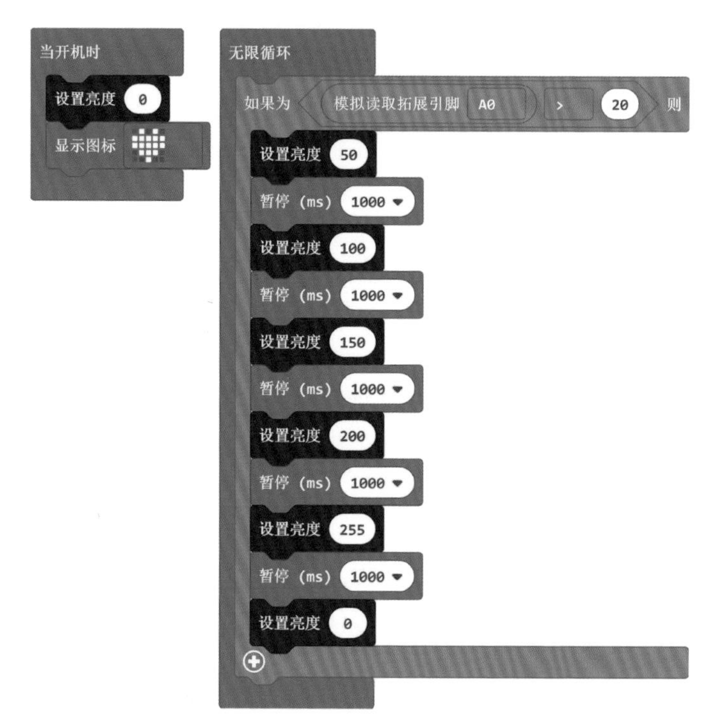

图 4-11　LED 点阵上图标亮度变化的程序

发出声音后，LED 点阵上正在显示亮度级别为最亮的心形，程序运行结果如图 4-12 所示。

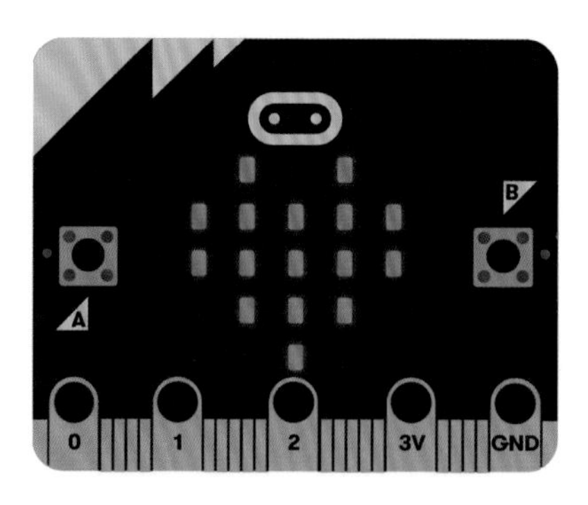

图 4-12　LED 点阵上图标亮度变化的程序运行结果

五 想一想

声音传感器可以识别我们的语音吗？为什么？

六 学习进阶

我们看到音响上有随着音量高低变化的 LED 灯，那么，请试着编写程序实现控制器的 LED 点阵随着声音大小而变化。

七 知识拓展

聊天机器人

聊天机器人可以和人进行对话，它能听懂你说的话，然后进行不同的动作。图 4-13 所示手语灵巧手就可以按照你说的指令进行不同的手语动作，例如，你说“你好”，它就会做出相应的手语动作。

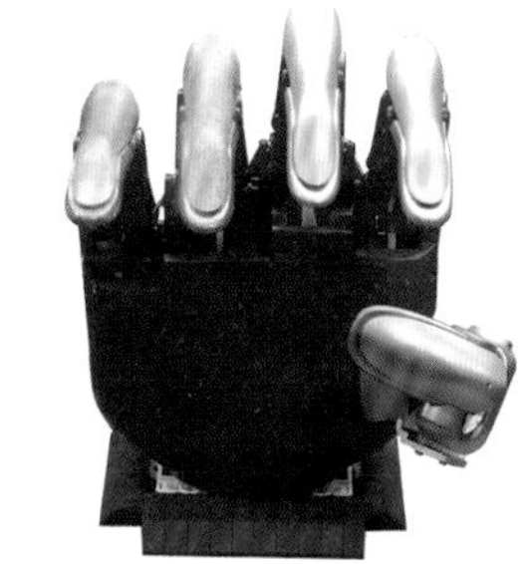

图 4-13　手语灵巧手

课后答案

学习进阶

LED 点阵随着声音大小而变化的程序如图 4-14 所示。

图 4-14　LED 点阵随着声音大小而变化的程序

第5课 lesson five 小 夜 灯

一 学习目标

（1）了解 LED 点阵识别亮度的原理。

（2）学会人体红外传感器的使用方法。

（3）掌握读取 LED 灯亮度级别的程序编写。

二 学习新知

1. LED 点阵识别亮度

LED 点阵除了可以显示文字，还有另一个功能就是可以作为光敏传感器。LED 点阵可以感知到环境光线的明暗变化，它的亮度范围是 0 ~ 255。

2. 亮度级别编程模块

亮度级别编程模块如图 5-1 所示，通过亮度级别编程模块我们可以读取到环境光线的强度，光线越强，环境光值越大。

3. 人体红外传感器

本课中使用的人体红外传感器是数字设备（图 5-2），它由感应探头和菲涅尔透镜组成，如图 5-3 所示。感应探头可以检测人体发出的红外线，菲涅尔透镜可以将发出的红外线更加集中地收集到探头处，相当于增大感应角度范围，传感器在一定范围内可以检测到人体发出的红外线，从而可以感应到有人经过。菲涅尔透镜的作用效果如图 5-4 所示。

亮度级别

图 5-1　亮度级别编程模块

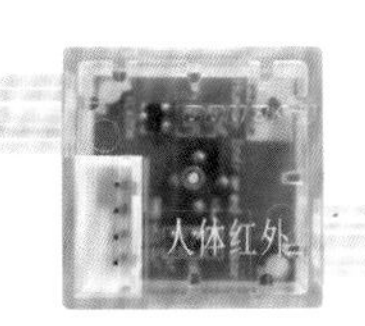

图 5-2　人体红外传感器

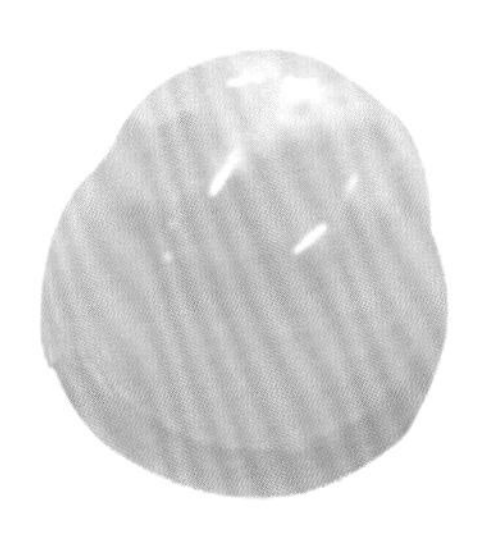

（a）感应探头

（b）菲涅尔透镜

图 5-3　感应探头和菲涅尔透镜

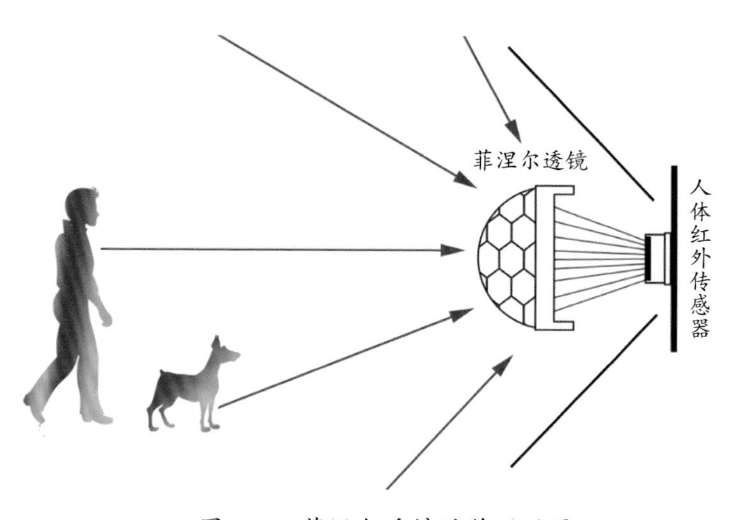

图 5-4　菲涅尔透镜的作用效果

三 设备和材料

（1）micro:bit 控制器：1 块。

（2）micro:bit 扩展板：1 块。

（3）电源：1 个。

（4）人体红外传感器：1 个。

（5）Micro USB 数据线：1 根。

（6）结构件：若干。

（7）连接线：若干。

四 牛刀小试

任务 1：LED 点阵可以感知环境光线的变化，请读取 LED 点阵的亮度级别并显示在 LED 点阵上。

显示 LED 点阵亮度级别的程序如图 5-5 所示。

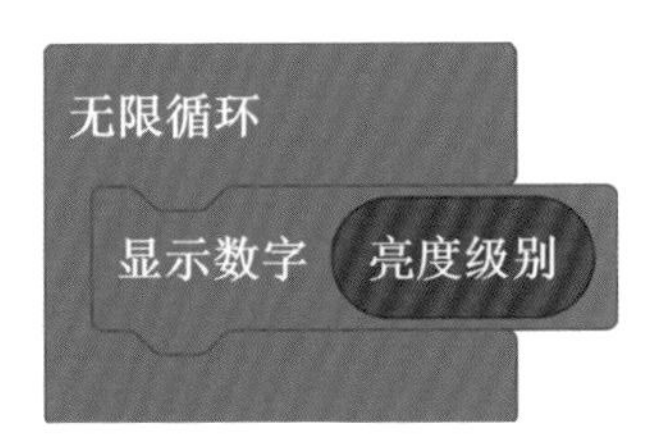

图 5-5　显示 LED 点阵亮度级别的程序

LED 点阵显示实时亮度为 8 的程序运行结果如图 5-6 所示。

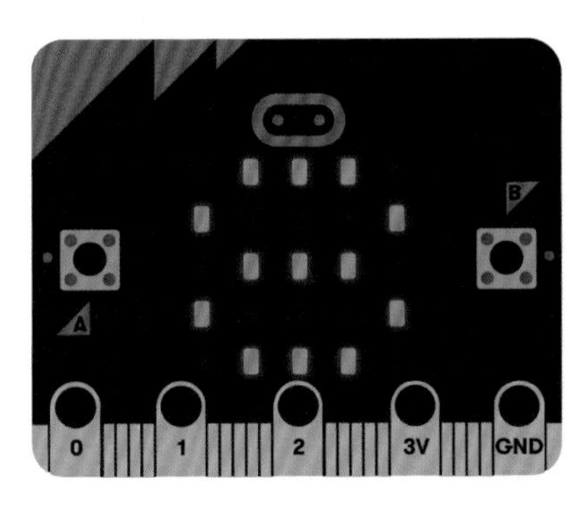

图 5-6　LED 点阵显示实时亮度为 8 的程序运行结果

任务 2：请你制作小夜灯，它可以根据环境光线的明暗控制灯的亮和灭，起到节约能源的作用。

当环境光线变暗时，小夜灯自动亮起；当环境光线变亮时，小夜灯自动熄灭。小夜灯的程序如图 5-7 所示。

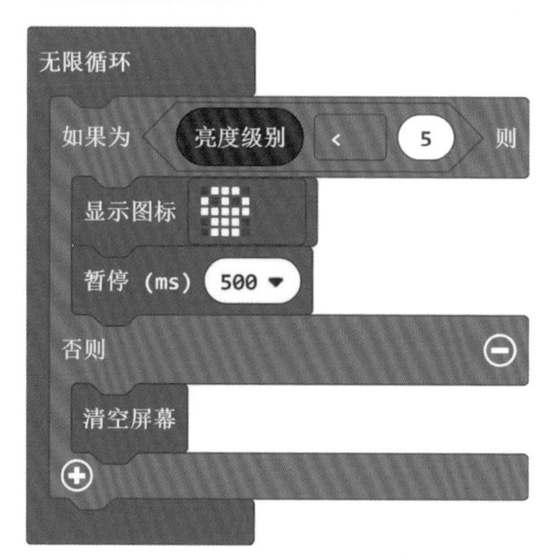

图 5-7 小夜灯的程序

LED 点阵在亮度低于 5 时亮起的程序运行结果如图 5-8 所示。

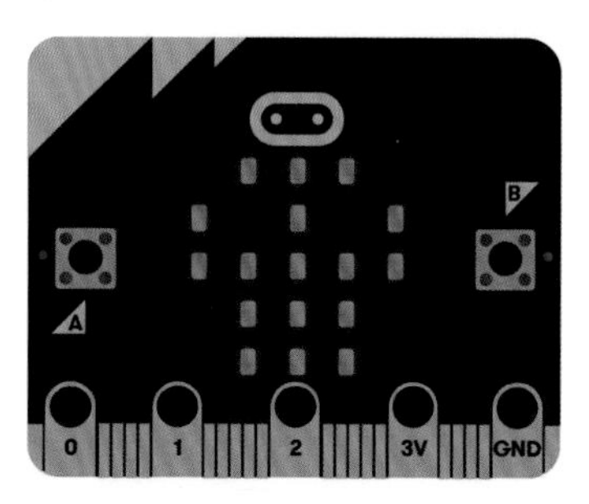

图 5-8 LED 点阵在亮度低于 5 时亮起的程序运行结果

五 想一想

（1）当光线亮时，LED 点阵显示的值 ____(大 / 小)；当光线暗时，LED 点阵显示的值 ____(大 / 小)。

（2）人体红外传感器检测到人时值为 _____；人体红外传感器未检测到人时值为 _____。

六 学习进阶

让我们把小夜灯的功能再丰富一些，当天黑并且有人经过的时候，小夜灯才自动点亮。

知识加油站

“亮度级别小于 5”与“数字读取拓展引脚 D0（人体红外传感器返回的数据）”，逻辑“与”的作用是：当两个条件都成立时，才会执行“则”后面的语句；否则，执行“否则”后面的语句。

七 知识拓展

现代智能小夜灯

如今，我们生活中的智能小夜灯（图 5-9）已经真正实现了智能控制的自动开关小夜灯。智能小夜灯可以红外感应环境和人体的变动，自动开关机、调节光亮，即你睡着了它自动关灯，你一醒来它就会自动亮。

图 5-9　小夜灯

扫描右侧二维码，查看本节课程中的作品视频。

课后答案

学习进阶

小夜灯的程序如图 5-10 所示。

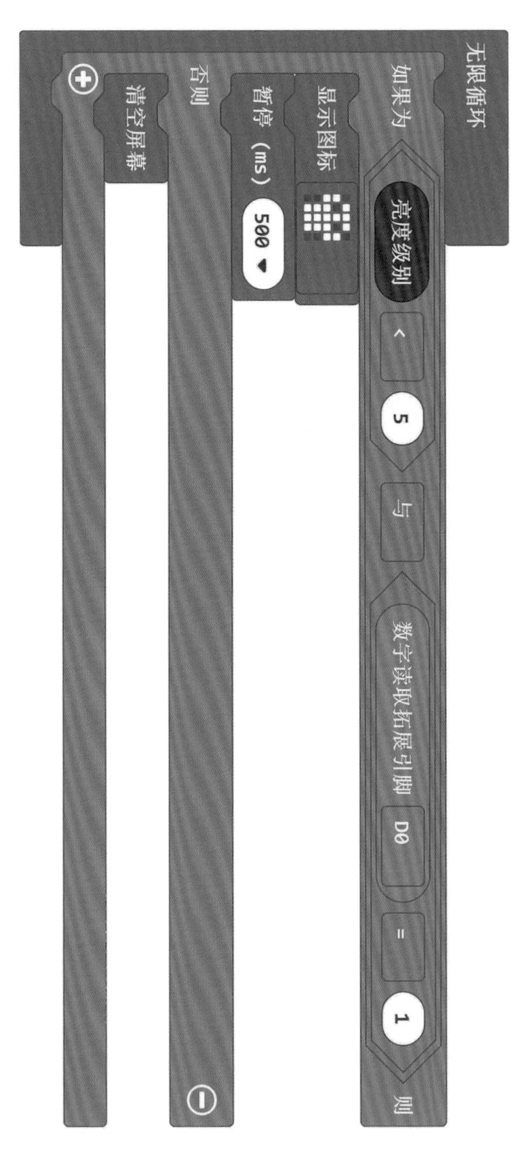

图 5-10　小夜灯的程序

第6课 lesson six 自制计数器

一 学习目标

（1）了解常量和变量的概念。

（2）学习蜂鸣器的使用方法。

（3）掌握变量累加的程序编写方法。

二 学习新知

1. 常量

常量是不可改变的，例如“1”和“200”是数值常量，“a”是字符常量，“hello”是字符串常量。

2. 变量

变量是可以改变的量，你可以给变量起一个名字，例如“item”或“color”等，选择变量模块中的“设置变量”，如图6–1所示。你也可以新建一个变量，例如“color”变量，将变量值赋值为0，如图6–2所示。

设置变量

图6–1 设置变量

将 color ▾ 设为 0

图6–2 变量赋值

知识加油站

变量就像是盛水的杯子，把存储的数值或字符比作水，给变量赋值时就像将水倒进杯子，当用到变量值时就像将水从杯子中倒出来。

变量累加，通常也称为累加器，累加器的作用就是每次变量增加一个幅度值，变量“item”的数值每次增加 1，如图 6–3 所示。

图 6–3 变量自增模块

3. 蜂鸣器

蜂鸣器是一种数字设备，它分为有源蜂鸣器（图 6–4）和无源蜂鸣器（图 6–5）。有源蜂鸣器通电后就可以发出响声，无源蜂鸣器需要给它输入一个方波才能使它发出响声。本课中我们用到的蜂鸣器是无源蜂鸣器构成的模块，如图 6–6 所示，它可以发出不同的音调和频率，你可以编写程序使蜂鸣器发出不同音调的声音。蜂鸣器需要安装在扩展板 A0 接口上。

图 6–4 有源蜂鸣器

图 6–5 无源蜂鸣器

图 6-6　蜂鸣器模块

知识加油站

蜂鸣器是数字设备，为什么要插到 A0 接口上呢？这是因为模拟接口可以作为数字接口使用，而且，由于音乐编程列表是直接控制 A0 接口的，因此，我们为了音乐的播放将蜂鸣器插入到了 A0 接口上。

三、设备和材料

（1）micro:bit 控制器：1 块。
（2）micro:bit 扩展板：1 块。
（3）电源：1 个。
（4）蜂鸣器：1 个。
（5）Micro USB 数据线：1 根。
（6）结构件：若干。
（7）连接线：若干。

四 牛刀小试

任务 1：在 LED 点阵上顺序显示数字 1 ~ 10。

显示 1 ~ 10 的程序如图 6-7 所示。

LED 点阵显示 1 ~ 10 的程序运行结果如图 6-8 所示，图中正在显示数字 1。

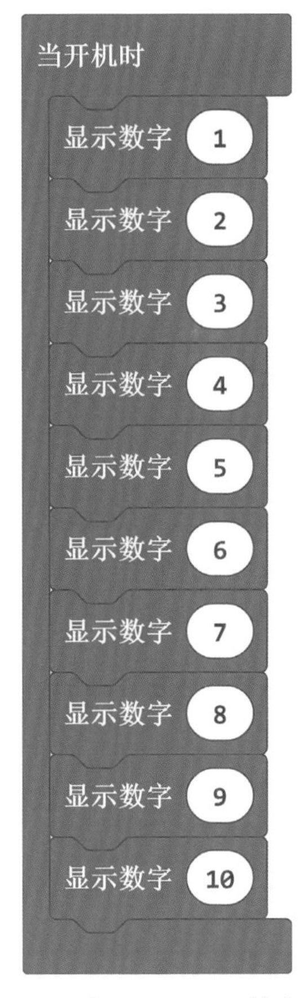

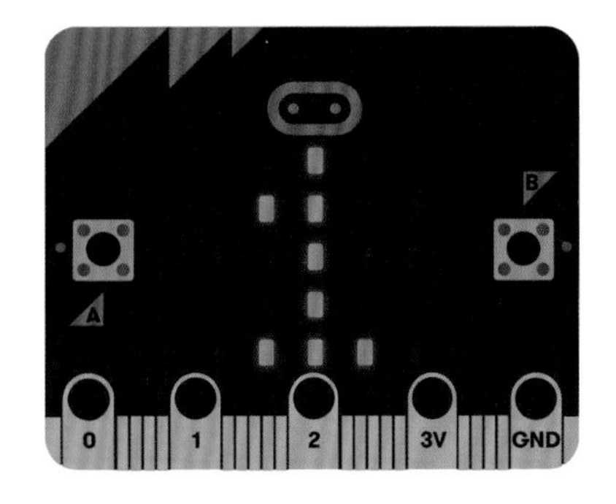

图 6-7 显示 1 ~ 10 的程序　　图 6-8 正在显示数字 1 的程序运行结果

任务 2：顺序显示数字 1 ~ 100。

如果顺序显示数字 1 ~ 100 呢？我们使用任务 1 的方法编程是不是

太麻烦了呢？此处可以使用变量累加的方法显示数字 1 ~ 100，程序如图 6-9 所示。这样编程就变得容易了。

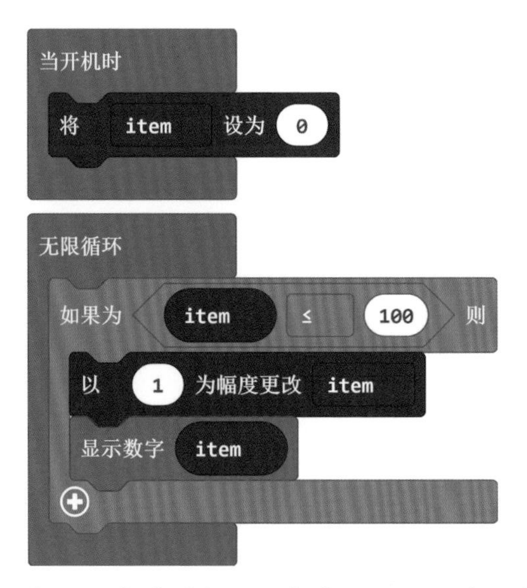

图 6-9　变量累加显示数字 1 ~ 100 的程序

LED 点阵显示 1 ~ 100 的程序运行结果如图 6-10 所示，图中正在显示数字 3。

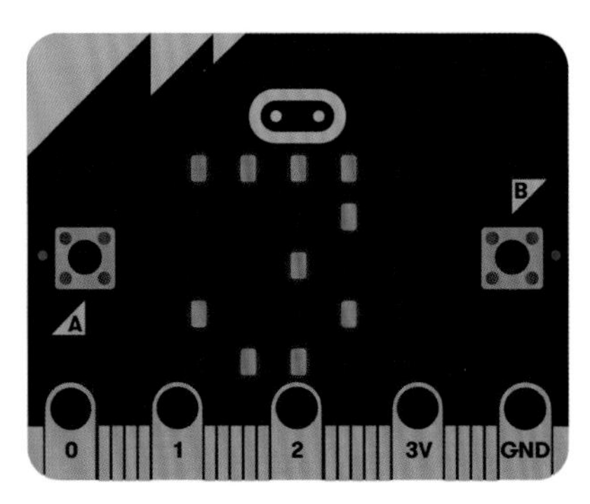

图 6-10　正在显示数字 3 的程序运行结果

五 想一想

（1）蜂鸣器频率越高，声音越 ____________。

（2）如果只显示 1 ~ 100 之间的奇数，应该如何编写程序呢？

六 学习进阶

制作一个时间提醒的闹钟程序，输入时长，当时间到达后蜂鸣器发出提示铃声。

七 知识拓展

编曲 DIY

当编写音乐程序时，我们可以使用程序中已经编好的音乐，当然，我们也可以自己编写一段音乐。下面请你自己编写一段小星星的音乐吧，小星星简谱如图 6-11 所示。

1=C 2/4

1 1 | 5 5 | 6 6 | 5 — | 4 4 | 3 3 | 2 2 | 1 — |
一 闪 一 闪 亮 晶 晶 ， 满 天 都 是 小 星 星 ，

5 5 | 4 4 | 3 3 | 2 — | 5 5 | 4 4 | 3 3 | 2 — |
挂 在 天 上 放 光 明 ， 好 像 许 多 小 眼 睛 ，

1 1 | 5 5 | 6 6 | 5 — | 4 4 | 3 3 | 2 2 | 1 — |
一 闪 一 闪 亮 晶 晶 ， 满 天 都 是 小 星 星 ，

图 6-11 小星星简谱

课后答案

学习进阶

闹钟的程序如图 6–12 所示。

图 6–12　闹钟的程序

第7课
lesson seven
摇 红 包

抢红包活动
恭喜获得红包
马上打开红包

一 学习目标

（1）了解控制器振动原理。

（2）学会使用随机生成函数生成随机整数。

（3）掌握振动事件的编程方法。

二 学习新知

1. 控制器振动原理

当我们振动控制器的时候，控制器可以通过加速度计感知到振动。加速度计可以探测到不同类型的运动，我们也可以理解为手势，振动也是一种手势。

2. 选取随机数模块

当需要随机产生一个整数的时候，就会使用选取随机数模块，它将会返回一个在限定范围内的整数。例如，图 7-1 的程序中，随机产生 0 ~ 10 中的随机整数，包含 0 和 10。

图 7-1　选取随机数模块

3. 振动模块

当发生振动事件时，执行模块中的语句，即振动模块（图 7-2）。振动模块不能放到无限循环中，它是一个单独执行的模块。当振动手势发生时，就会执行振动模块中的程序。

图 7-2　振动模块

三 设备和材料

（1）micro:bit 控制器：1 个。

（2）电源：1 个。

（3）Micro USB 连接线：1 根。

四 牛刀小试

任务 1：产生 0 ~ 100 之间的随机整数，在 LED 点阵上显示。

产生 0 ~ 100 之间的随机整数的程序如图 7–3 所示。

图 7–3　产生 0 ~ 100 之间的随机整数的程序

产生随机数字的程序运行结果如图 7–4 所示，图中正显示产生结果为 3。

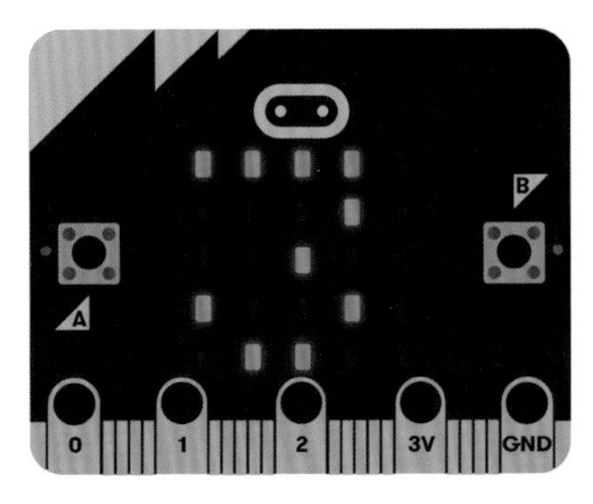

图 7–4　产生随机数字 3 的程序运行结果

任务 2：制作摇红包游戏，当你振动控制器的时候，屏幕上会显示你摇红包的金额值，尝试编写程序，试一试你的手气吧！

摇红包的程序如图 7–5 所示。

图 7–5 摇红包的程序

在摇动之后程序运行结果如图 7–6 所示，图中正在显示数字 8。

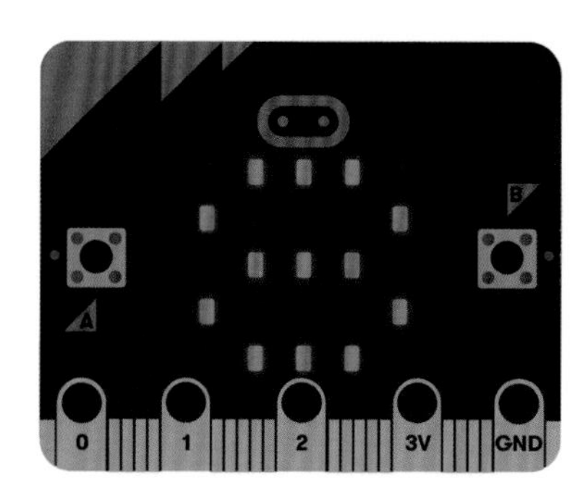

图 7–6 摇红包为 8 的程序运行结果

五 想一想

振动控制器，显示 0 ~ 1 之间的随机一位小数，例如，0.1、0.6 等。

振动显示小数的程序如图 7–7 所示。

图 7–7 振动显示小数的程序

六 学习进阶

请尝试制作：摇动控制器后，LED 点阵上显示不同的图案。

七 知识拓展

智能手环

智能手环是一种穿戴式智能设备。通过智能手环，用户可以记录日常生活中的锻炼、睡眠、饮食等实时数据，并将这些数据与手机、平板、ipod touch 同步，起到通过数据指导健康生活的作用。智能手环作为目前备受用户关注的科技产品，拥有的强大功能正悄无声息地渗透和改变人们的生活。可以说计步和睡眠质量追踪已经是当下智能手环最基本的功能了，这两个最基本的数据是依靠手环中智能传感器和闪存芯片来测量并记录数据的。消耗热量、行走距离等其他数据均是以这两个数据作为基本值，加入用户身高、体重、年龄等数值也可以通过软件计算得出。

课后答案

学习进阶

振动显示不同图案的程序如图 7-8 所示。

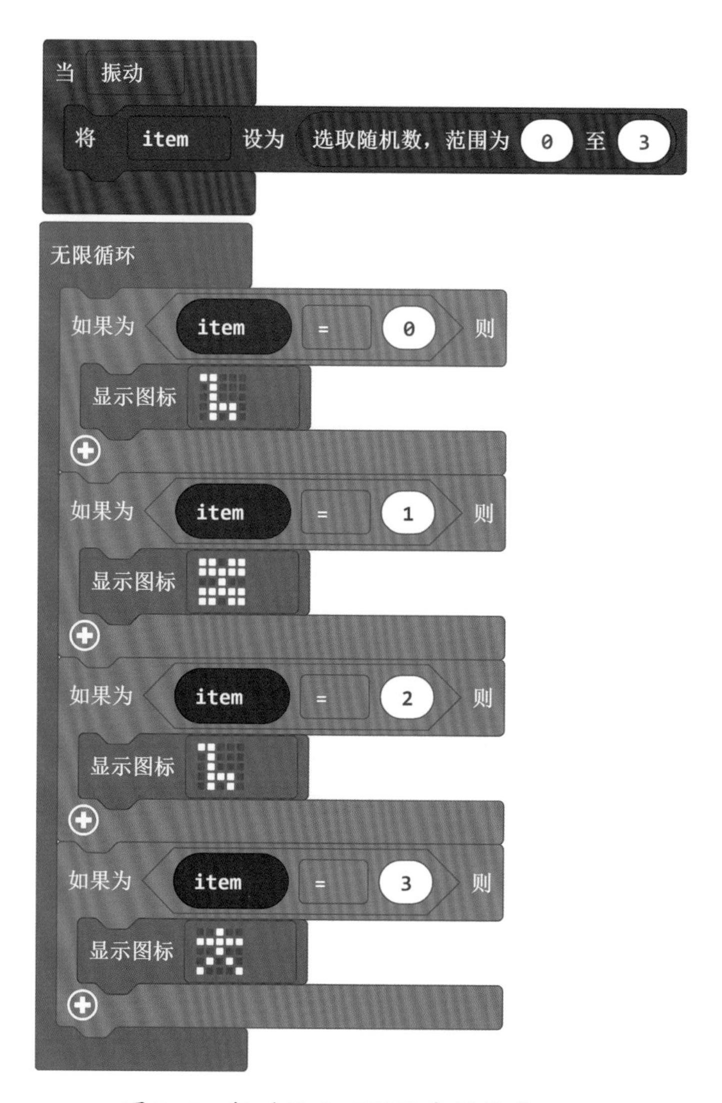

图 7-8 振动显示不同图案的程序

第8课 lesson eight 体感游戏

一 学习目标

（1）了解加速度计原理及应用。

（2）学会利用串口通信及相关程序编写。

（3）掌握两个控制器之间无线通信的原理及程序编写。

二 学习新知

1. 加速度计

加速度计内置在控制器上，它可以探测控制器 x、y、z 三个维度的相对加速度，如图 8–1 所示。加速度计可以检测控制器不同类型的运动，比如倾斜、翻转，也可以检测在特定方向上的加速度，编程模块如图 8–2 所示。

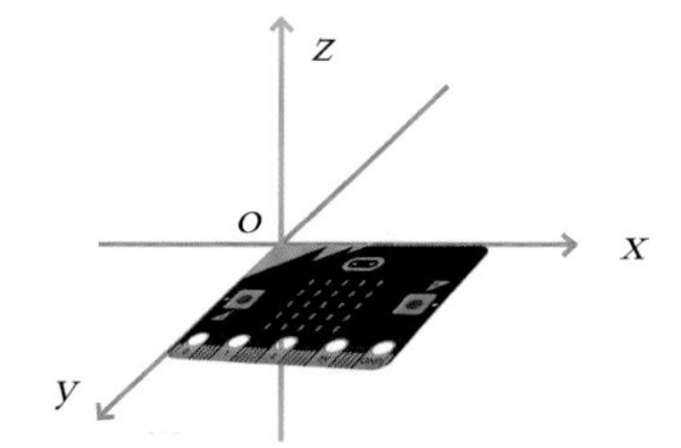

图 8–1　控制器 x、y、z 三个维度

加速度值（mg） x ▾

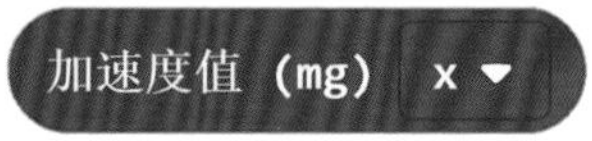

图 8–2　加速度计的编程模块

2. 无线通信

micro:bit 控制器具有无线通信功能，数据可以通过 2.4 G 频率的无线信号进行数据传递。在编程时，首先需要设置“无线组 ID”（图 8–3），控制器之间只有设置了同一 ID 才可以进行通信。其后使用无线发送数据的编程模块和无线接收数据的事件模块完成无线数据的发送和接收，如图 8–4 和图 8–5 所示。

图 8–3　设置“无线组 ID”模块

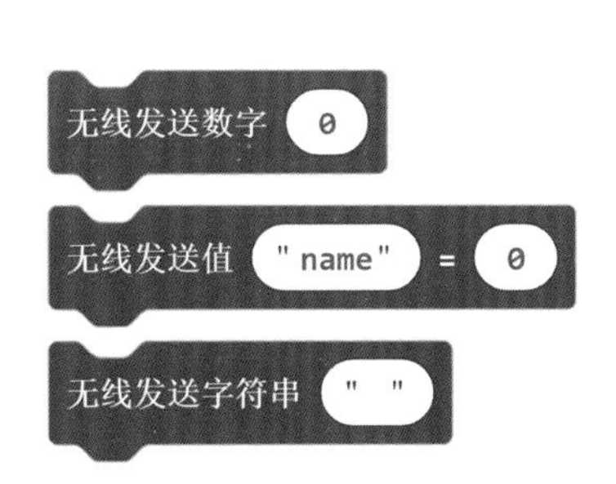

图 8–4 无线发送数据的编程模块

图 8–5 无线接收数据的事件模块

3. 串口

控制器和电脑之间可以使用串口进行通信，数据通过传输线一位一位地按顺序传送，从而实现数据的传送。我们在控制器和电脑之间用传输线连接，控制器和电脑之间就可以用串口进行数据传送了。在进行串口通信时，可以使用交互式解析器（REPL）与控制器进行交互，如图 8–6 所示。

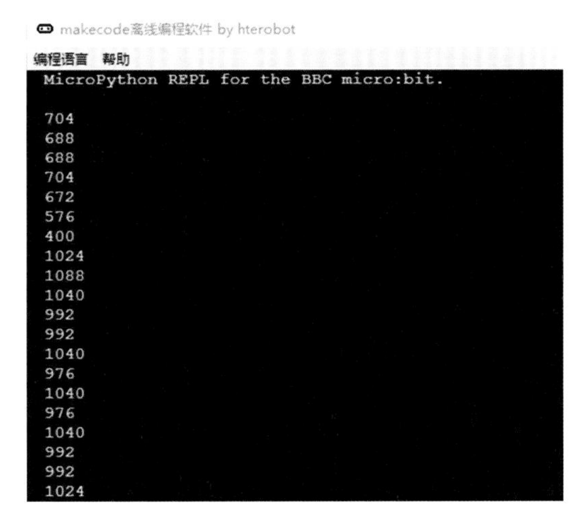

图 8–6 交互式解析器（REPL）

4. 串行写入数字

通过串行写入数字模块（图 8–7），我们可以将控制器上的传感器采集到的数值，传递给电脑。

图 8-7　串行写入数字模块

三 设备和材料

（1）micro:bit 控制器：1 块。

（2）电源：1 个。

（3）Micro USB 数据线：1 根。

四 牛刀小试

任务 1：读取加速度计 *z* 轴数值，显示在 REPL 中。

读取加速度计 *z* 轴数值的程序如图 8-8 所示。

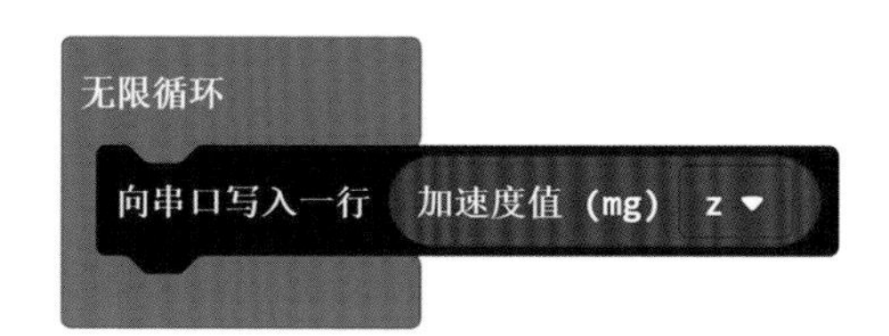

图 8-8　读取加速度计 *z* 轴数值的程序

当控制器在 *z* 轴方向进行移动时，可以通过 REPL 观察到 *z* 轴的加速度值，如图 8-9 所示。

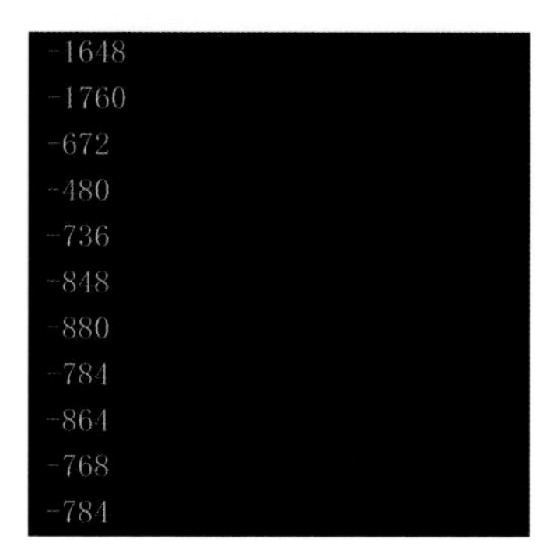

图 8-9　通过 REPL 观察到 *z* 轴的加速度值

任务 2：控制器 LED 点阵朝上，当抬高屏幕时，LED 点阵上的直方图会升高。

直方图显示加速度值的程序如图 8-10 所示。

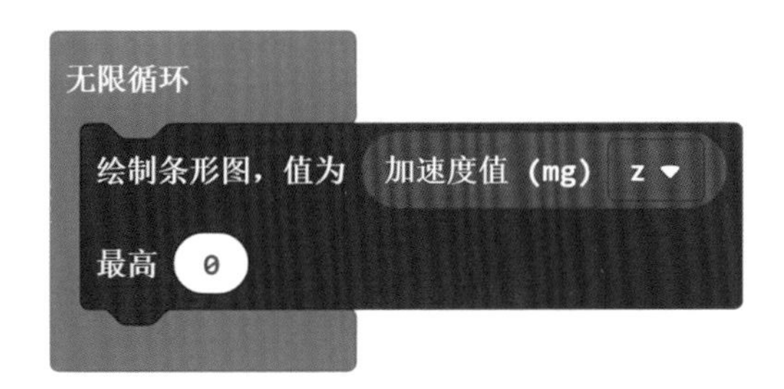

图 8-10　直方图显示加速度值的程序

当控制器抬高时，LED 点阵上的直方图跟随变化的程序运行结果如图 8-11 所示。

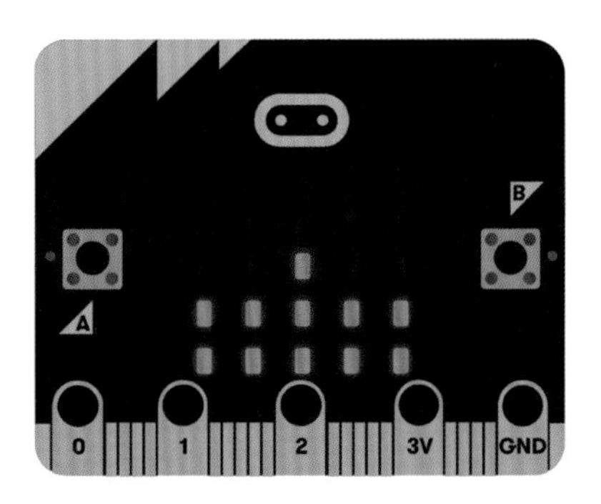

图 8-11　直方图跟随变化的程序运行结果

任务 3：在两个控制器之间建立无线通信，实现抬高其中一个控制器，通过无线信息传递让另一个控制器的 LED 点阵上的直方图发生变化。

完成这个任务我们需要对两个控制器编程，其中进行操作的控制器需使用发送程序，如图 8-12 所示；进行显示的控制器需使用接收程序，如图 8-13 所示。

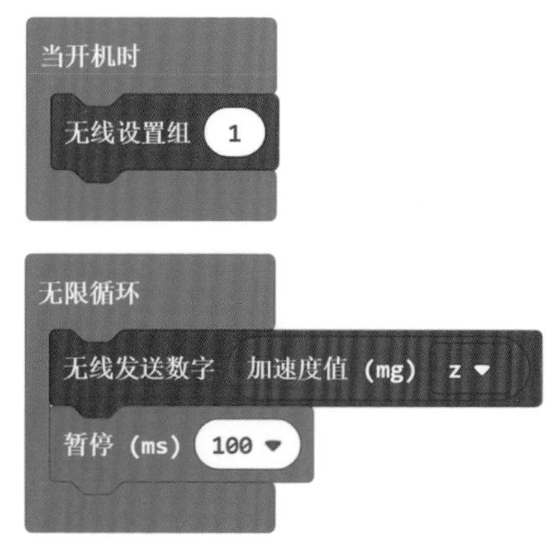

图 8-12　发送程序

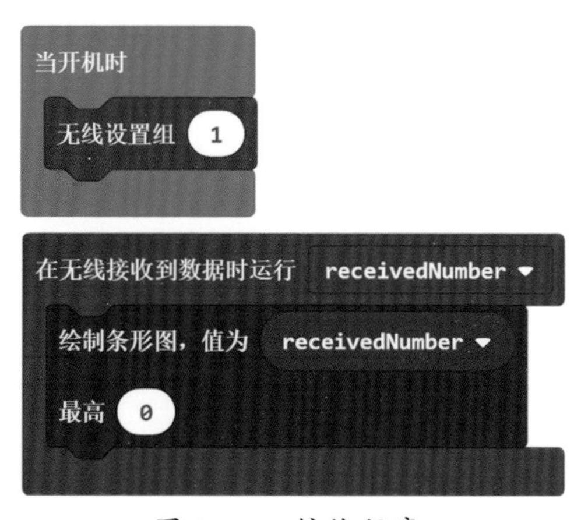

图 8-13　接收程序

当一个控制器抬高的时候，另一个控制器的直方图会跟着变化，其程序运行结果如图 8-14 所示。

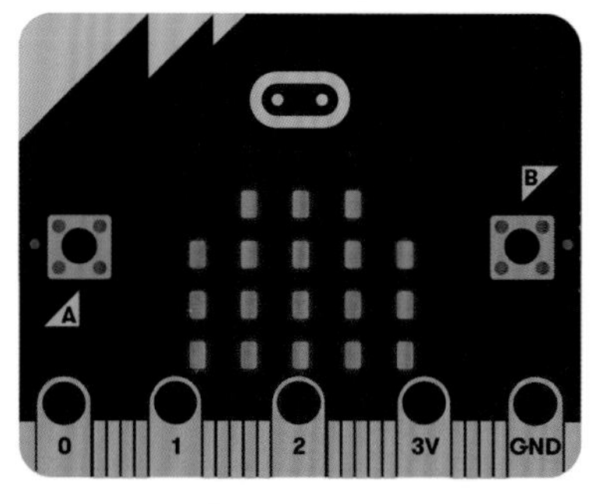

图 8-14　一个控制器抬高，另一个控制器直方图跟随变化

五 想一想

（1）加速度计可以测量几个方向的加速度？分别是什么？

（2）屏幕向上平放时，向上移动，z 轴加速度 ______(减少 / 增大)。

六 学习进阶

请编写程序让两台控制器进行“对话”，一台控制器发出问题，另一台控制器可以相应地进行回答并在 LED 点阵上显示，例如发送“name”，对方将回答“My name is Gordon!”，并显示在 LED 点阵上。

七 知识拓展

计步器

智能手机之所以能够计算出人们行走的步数（图 8-15），是因为手机里有一个三轴加速度计，如图 8-16 所示。手机利用三轴加速度计测出三个不同方向上的加速度，然后通过加速度的值进行一些运算就可以大概测出人们走路的步数。

图 8-15　手机计步界面

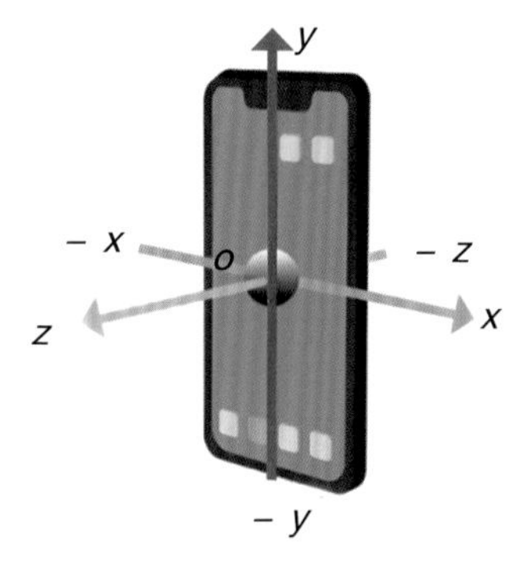

图 8-16　三轴加速度计

课后答案

学习进阶

发送“name”的程序如图 8-17 所示，接收显示答案的程序如图 8-18 所示。

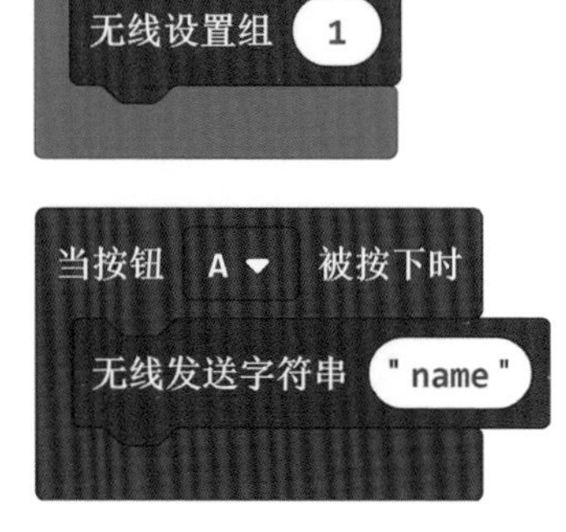

图 8-17　发送“name”的程序

图 8-18　接收显示答案的程序

第9课 lesson nine 温控风扇

一 学习目标

（1）了解温度传感器的工作原理。

（2）理解小型电机是如何工作的。

（3）掌握利用温度传感器改变风扇转动速度的程序编写。

二 学习新知

1. 小型电机

小型电机靠电流驱动，如图 9–1 所示。电机又称马达，它是可为机器人提供动力的设备，本课中使用的是直流电机。直流电机能将直流电能转换成机械能，使电机轴旋转。小型电机转速快，可以用来作为风扇的电机。

图 9–1　小型电机

2. 温度传感器工作原理

温度传感器嵌入在控制器当中，如图 9–2 所示。它最初的设计目的是为了检测处理器的温度而不是感应周围环境的温度，但是我们使用的控制器的温度与周围的环境温度非常接近，因此处理器温度通常可以用来监测环境温度。

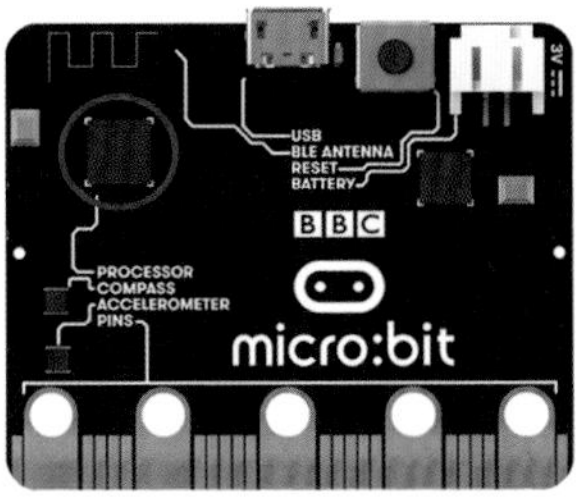

图 9-2　温度传感器

3. 温度模块

温度模块可以获取环境的温度，单位为摄氏度（℃），如图 9-3 所示。

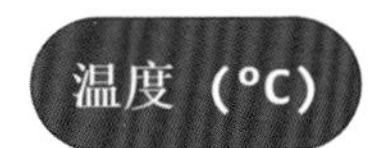

图 9-3　温度模块

三　设备和材料

（1）micro:bit 控制器：1 块。

（2）电源：1 个。

（3）Micro USB 数据线：1 根。

（4）小型电机（螺旋桨）：1 个。

（5）桨叶：1 个。

（6）连接线：若干。

（7）结构件：若干。

四　牛刀小试

任务 1：获取环境温度，将数值显示在 LED 点阵上。

显示温度的程序如图 9-4 所示。

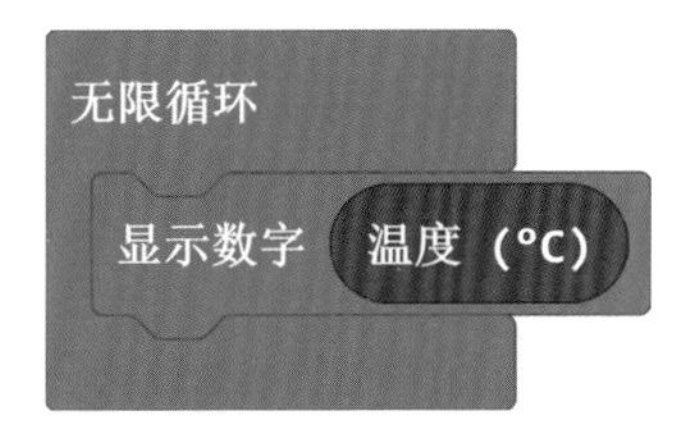

图 9-4　显示温度的程序

任务 2：风扇转动 5 s（5 000 ms），然后停止。

编程模块在“HTERobot”编程列表中选择，如图 9–5 所示。风扇转动 5 s（5 000 ms）后停止的程序如图 9–6 所示。

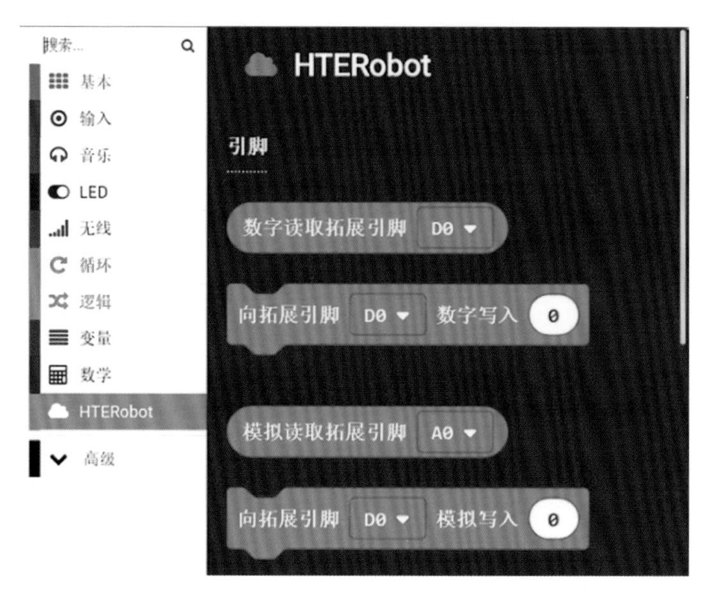

图 9–5　HTERobot 编程列表

风扇转动 5 s（5 000 ms）后停止，风扇转动的样子如图 9–7 所示。

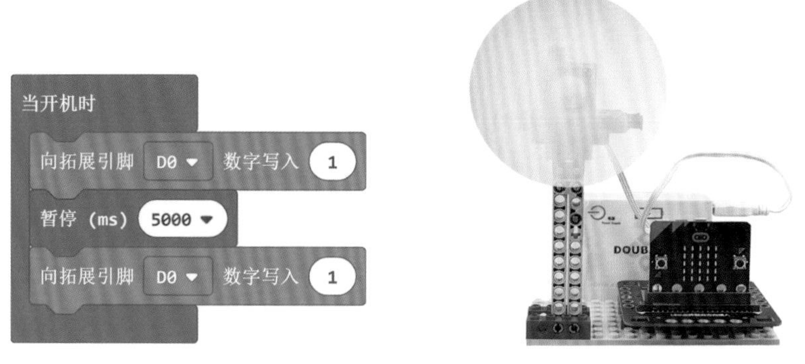

图 9–6　风扇转动 5 s（5 000 ms）后停止的程序　　图 9–7　风扇正在转动

任务 3：使用温度传感器控制风扇的转动，当温度过高时，风扇转动，当温度正常时，风扇停止转动。

温度传感器控制风扇转动的程序如图 9-8 所示。

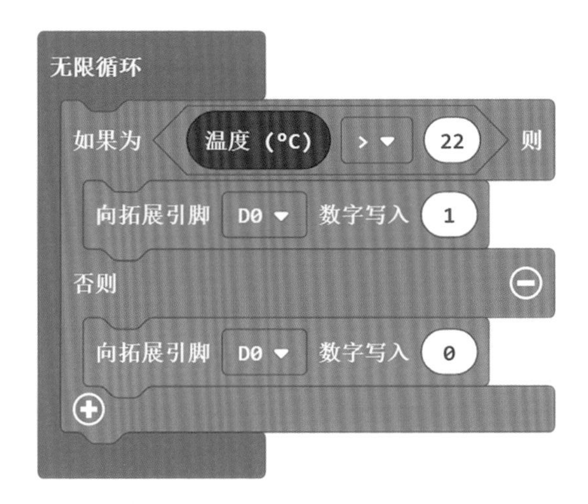

图 9-8 温度传感器控制风扇转动的程序

当温度传感器检测到温度过高时，风扇就会转动，如图 9-9 所示；当温度传感器检测到温度过低时，风扇就会停止转动，如图 9-10 所示。

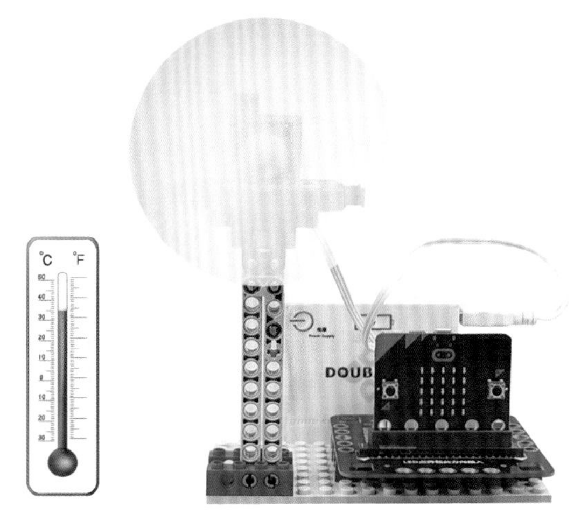

图 9-9 温度过高时，风扇转动

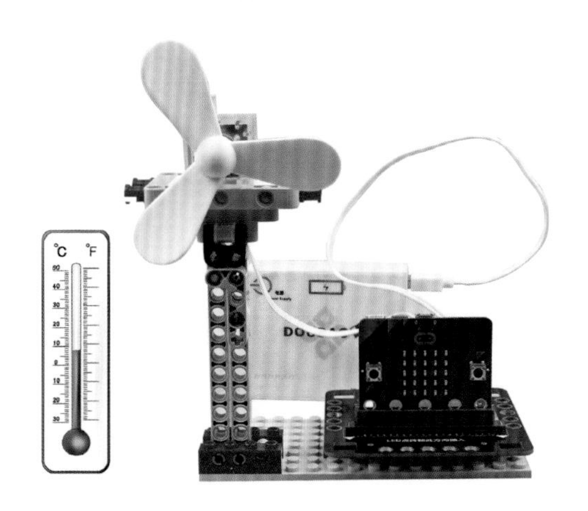

图 9-10　温度过低时，风扇静止

五 想一想

（1）你已经获取了环境温度，如何使温度变高呢？

（2）如何可以让温度的变化和风扇的速度联系起来呢？请写出你的公式。

六 学习进阶

请尝试制作一个可以随着温度升高、风扇转速也会不断提高的风扇，当温度正常时，风扇停止转动。

注意条件表达式的书写顺序，该程序步骤如图 9-11 所示。

第一步：y - x

第二步：y - x × 400

第三步：y - x × 400 + 170

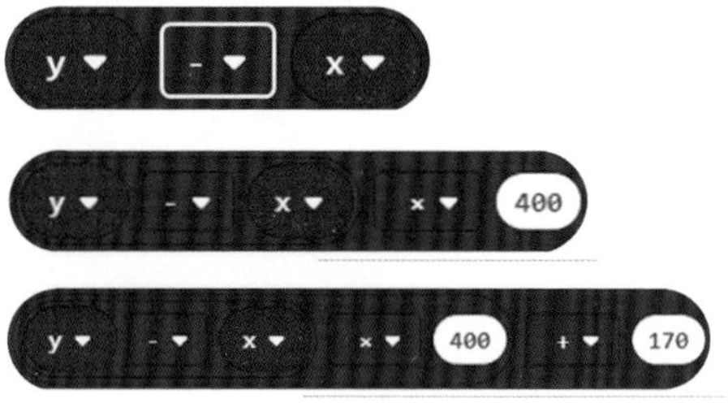

图 9-11　程序步骤

七 知识拓展

智能空调

夏天里，家里的空调设定好温度后，空调就会自己工作，吹出凉爽的风，当到达指定的温度后就会自动停止工作。这是因为空调进风口里也有温度传感器（图 9-12），温度传感器获取室内的温度，当温度到达设定的温度时，空调就会停止工作。

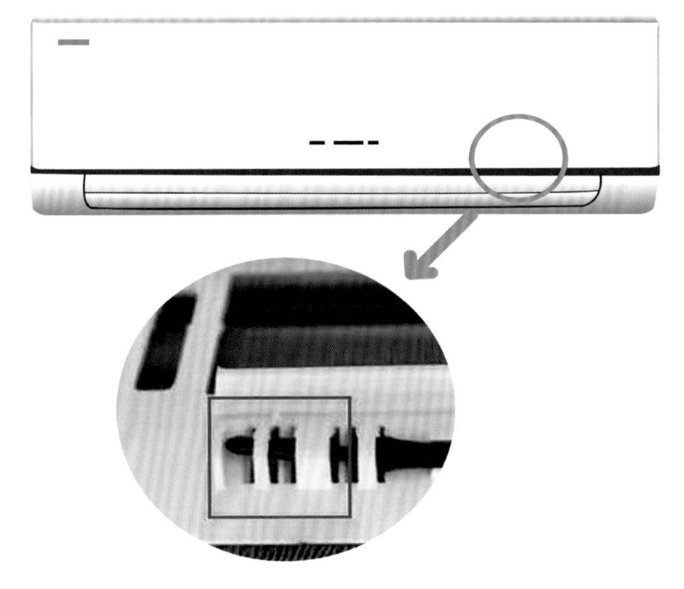

图 9-12　空调里的温度传感器

课后答案

学习进阶

风速随着温度变化而变化的程序如图 9-13 所示。

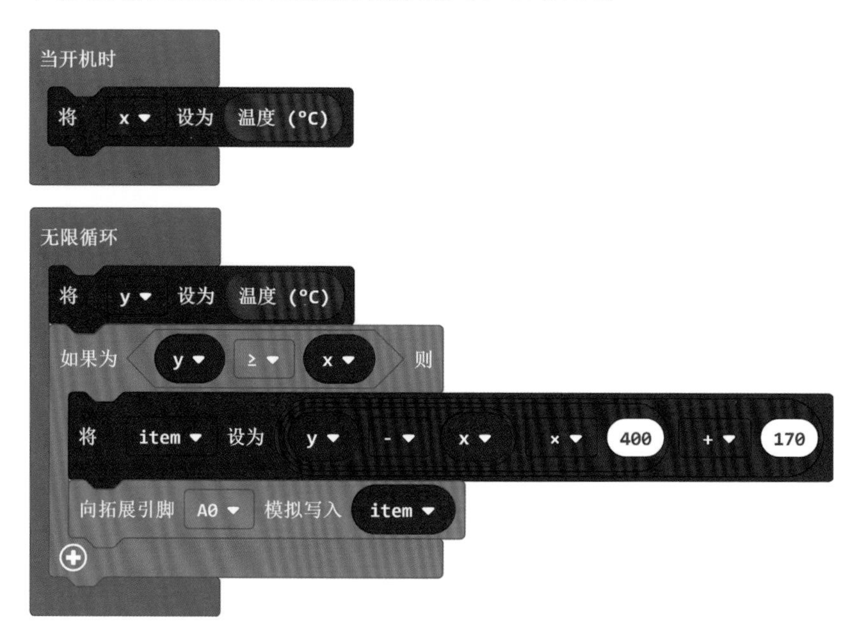

图 9-13　风速随着温度变化而变化的程序

小　技　巧

我们把初始室内温度保存在变量 x 中，当前的温度保存在变量 y 中。如果当前温度超过初始温度时，每升高 1℃，电机的模拟输入值就增加 400。电机的输入值越高，电机的转动速度越快，风扇转速也越快。电机的模拟输入值范围为 0~1 023。注意：由于风扇初始模拟值较小，对应转速较低，所以我们应该拨动一下扇叶，给电机一个初始的力来使其持续转动。

第10课
lesson ten
自制指南针

N
NW
NE
W
SW
SE
S

一 学习目标

（1）理解电子罗盘的工作原理。

（2）掌握使用电子罗盘制作指南针的方法。

二 学习新知

1. 电子罗盘的工作原理

电子罗盘又称为数字指南针，如图 10–1 所示，它是通过探测磁场工作的。地球是一个大磁体，地球的两个极分别在接近地理南极和地理北极的地方。电子磁盘可以准确地探测到北极，它的角度范围为 0 ~ 360° ，电子罗盘可以帮助机器人判断方向。

图 10–1　电子罗盘

2. 指南针朝向模块

电子罗盘在程序中被定义为指南针朝向模块，通过这个模块，我们可以获取控制器的指南针朝向的角度值。

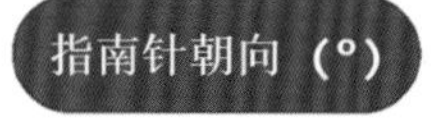

图 10–2　指南针朝向模块

3. 校准

控制器的指南针必须在使用前进行校准，当程序下载成功后，会先进行校准，校准结束后才可使用。在校准时，LED 点阵滚动显示“TILT TO FILL SCREEN”提示信息后，将控制板立起来旋转，使所有的 LED 灯点亮，这样就完成了校准。校准成功后会出现一个笑脸，如图 10-3 所示。

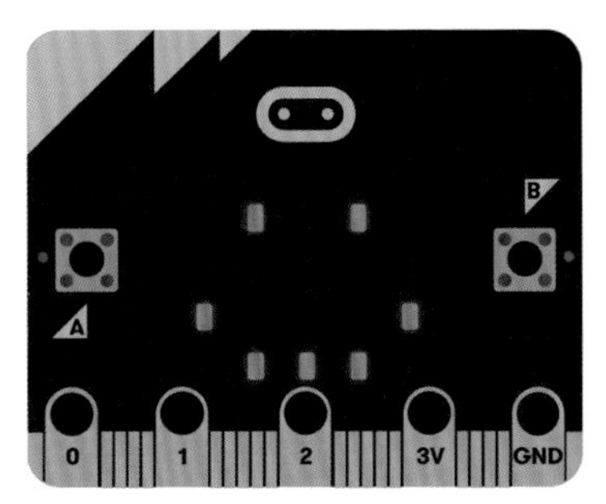

图 10-3 校准成功后出现笑脸

三 设备和材料

（1）micro:bit 控制器：1 块。

（2）电源：1 个。

（3）Micro USB 数据线：1 根。

四 牛刀小试

任务 1: 查看指南针的角度值。

显示指南针的角度值的程序如图 10-4 所示。

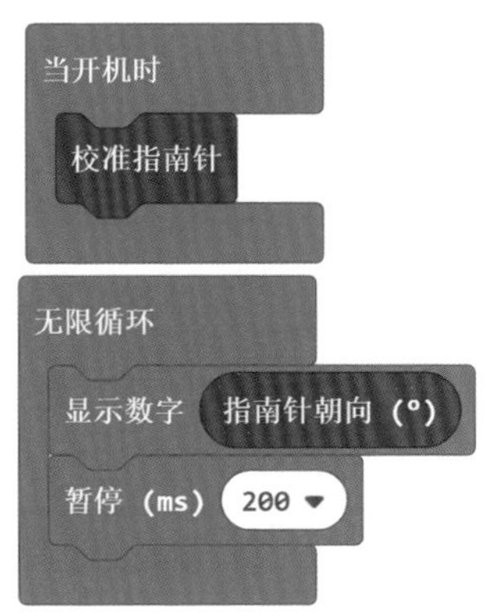

图 10-4 显示指南针的角度值的程序

任务 2: 请编写程序：旋转控制器，控制器转到哪个方向，LED 点阵上就会显示对应的方向。东、南、西、北四个方向分别用字母 E、S、W、N 显示在屏幕上。

用字母显示方向的程序如图 10–5 所示。

图 10–5　用字母显示方向的程序

五 想一想

请画一个指南针的角度方向图，指出东、南、西、北的角度（精确到45°）。

六 学习进阶

做一个指南针，利用LED点阵显示表示方向的箭头，并让箭头一直指向南方，这样就可以帮助人们识别方向。

七 知识拓展

电子罗盘在生活中的应用

电子罗盘广泛应用在水平孔和垂直孔测量、水下勘探、飞行器导航、科学研究、教育培训、建筑物定位、设备维护、导航系统、测速、仿真系统、GPS备份、汽车指南针、虚拟现实等多个方面，为人类的生产和生活提供了极大的便利。图10-6所示为中国科学院地质与地球物理研究所自主研发的万米级海底地震仪。在地震仪内部，有两个负责调平的器件，其中一个就是磁阻式电子罗盘，它负责测量地震传感器的方向信息，使得地震仪在着底后，机体可以歪斜而靠内部地震传感器实现平衡。

图10-6 万米级海底地震仪

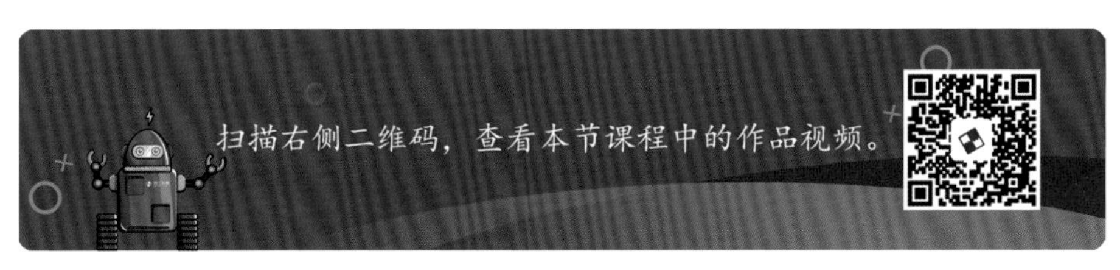

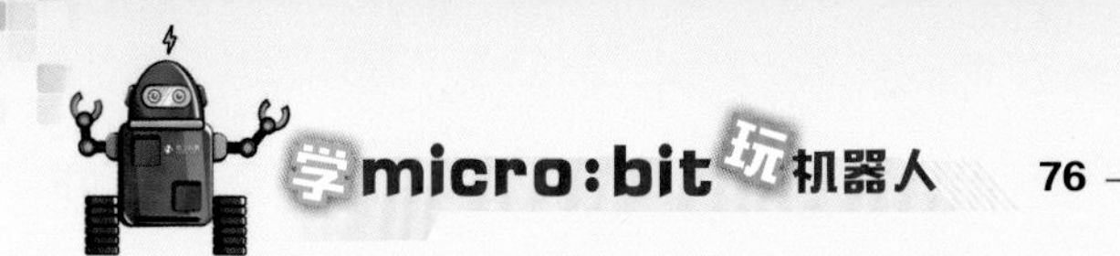

课后答案

学习进阶

用箭头显示方向的程序如图 10–7 所示。

图 10–7　用箭头显示方向的程序

第11课 走四方

lesson eleven

一 学习目标

（1）了解电机的工作原理。

（2）理解扩展板的作用。

（3）学习智能小车的直行和转弯。

二 学习新知

1. 电机

电机，是可以转换机械能与电能装置的总称。大部分电机应用的是电磁感应原理，它的转换是双向的，即可以顺时针转动也可以逆时针转动，如图 11-1 所示。

电机模块内置电机和齿轮，是用来驱动机器人的两个轮子，如图 11-2 所示。micro:bit 扩展板上有专门连接电机的接口，分别为扩展板的 A+、A- 和 B+、B-。电机需要使用外接电源来进行供电。

图 11-1　电机

图 11-2　电机模块

2. 电机控制模块

电机控制模块可以通过调节 PWM 脉冲宽度来控制电机的速度，如图 11-3 所示。图 11-4 所示为电机控制模块，模块中"速度"输入项可填写数值的范围为 -255 ~ 255。在这个范围中，0 ~ 255 的数值只是依据电机速度的快慢做出的等级划分，并不是真正物理意义上的速度量，而其中的"+、-"分别代表电机转动的两个方向。

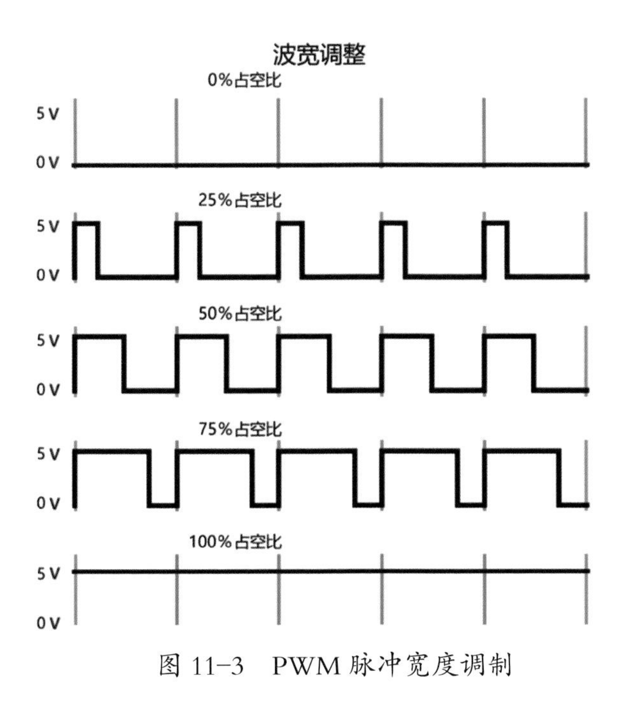

图 11-3 PWM 脉冲宽度调制

图 11-4 电机控制模块

3. 扩展板

扩展板可以连接控制器及各种输入输出设备，如图 11-5 所示，具体接口说明如下。

（1）数字输入输出端口 D0 ~ D4：连接各种数字设备。

（2）模拟输入输出端口 A0 ~ A2：连接各种模拟设备，有时也可以作为数字口使用。

（3）舵机扩展口 S1 ~ S8：连接舵机。

（4）直流电机接口：A+、A−、B+、B−，可以连接两个直流电机。

（5）IIC 接口：外置 IIC 通信接口。

（6）电源接口：舵机、电机等设备需要外部电源供电才可以运行，电源电压为 5 V。

（7）扩展接口：与 micro:bit 主控连接，使用时注意连接方向。

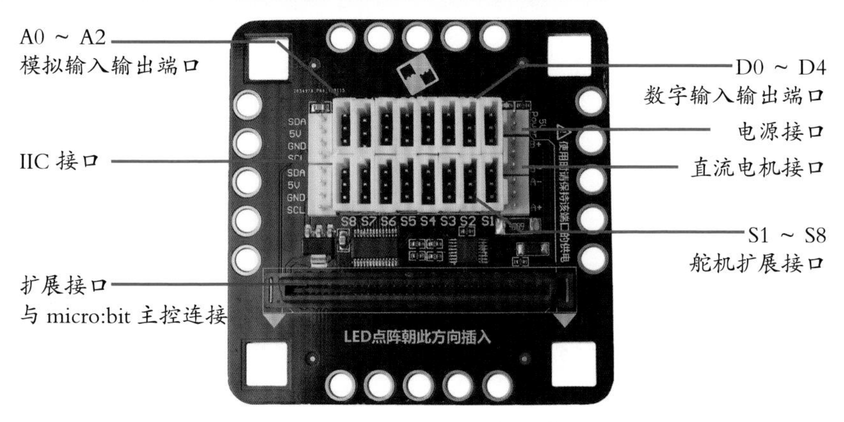

图 11-5　micro:bit 扩展板

4. 电源

电源使用 DOUBAO 锂电池电源，如图 11-6 所示。该电源的电压为 5 V，电源输出口 OUT 是将电源导线插入到扩展板 POWER 接口上。

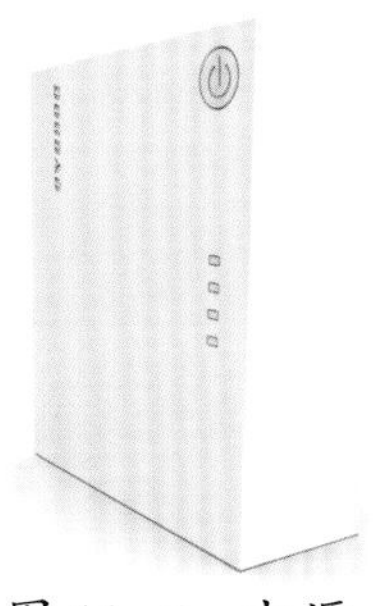

图 11-6　电源

5. 万向轮

万向轮，就是活动的轮子，如图 11-7 所示，万向轮的结构允许自身在平面上沿任意方向移动。在进行小车的制作时，为了配合电机驱动的车轮，会使用万向轮作为辅助轮使用，这时小车有三点着地，就可以稳定灵活地行驶。

图 11-7　万向轮

三 设备和材料

（1）micro:bit 扩展板：1 块。

（2）电源：1 块。

（3）电机：2 个。

（4）micro:bit 控制器：1 块。

（5）车轮：2 个。

（6）万向轮：1 个。

（7）蜂鸣器：1 个。

（8）连接线：若干。

（9）结构件：若干。

四 牛刀小试

任务 1: 智能小车前进 1 s（1 000 ms），后退 1 s（1 000 ms）。

编写程序让智能小车前进 1 s（1 000 ms），后退 1 s（1 000 ms），智能小车直行示意图如图 11-8 所示。智能小车如果要直行，那么就需要保证两个电机的速度相同，智能小车前进后退的程序如图 11-9 所示。

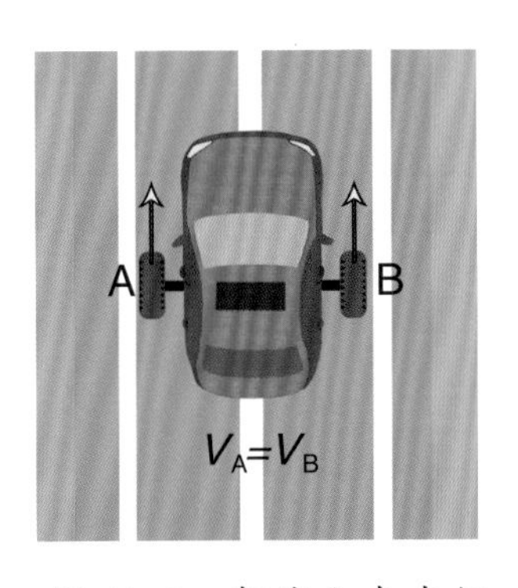

图 11-8 智能小车直行

图 11-9 智能小车前进后退的程序

任务2: 智能小车走“S形”。

如果智能小车走“S形”路线，那么智能小车在行进过程中，需要循环进行不同方向的转向。智能小车左转和右转时，两个轮子的状态分别如图11-10和图11-11所示。假定智能小车先左转，再右转，走“S形”路线的程序如图11-12所示。

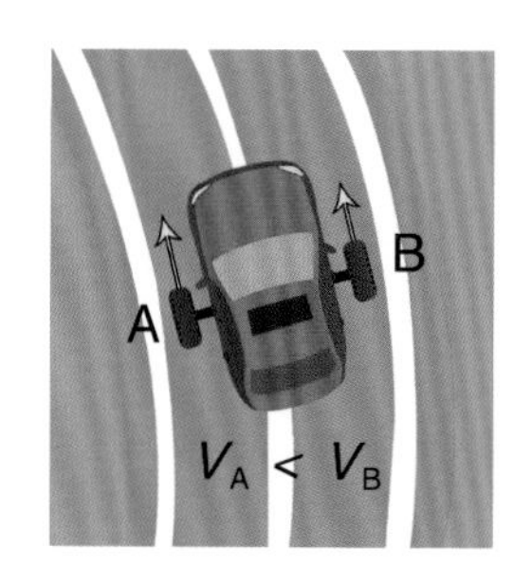

图11-10　$V_A < V_B$ 时，小车左转

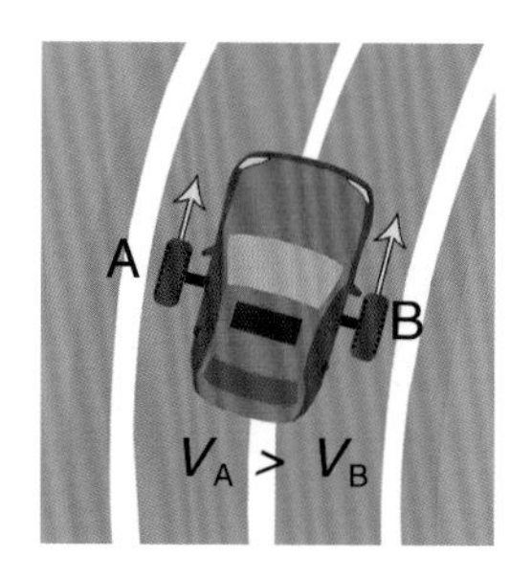

图11-11　$V_A > V_B$ 时，小车右转

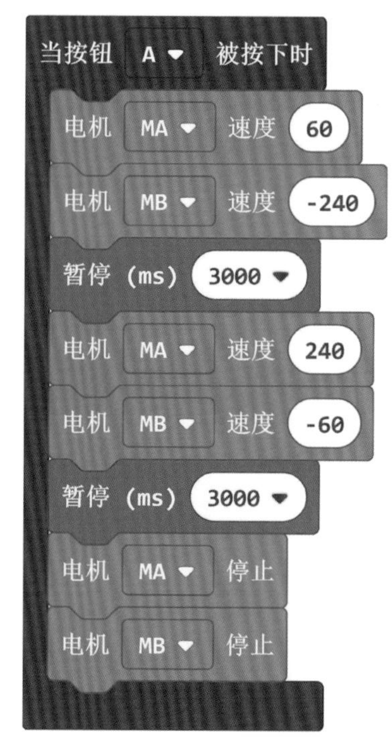

图11-12　走“S形”路线的程序

任务 3: 智能小车走四方。

在这个任务中，需要让智能小车行驶出“正方形”的轨迹，如图 11–13 所示。根据正方形的形状特点，可以利用重复执行模块进行编程，程序如图 11–14 所示。智能小车如图 11–15 所示。

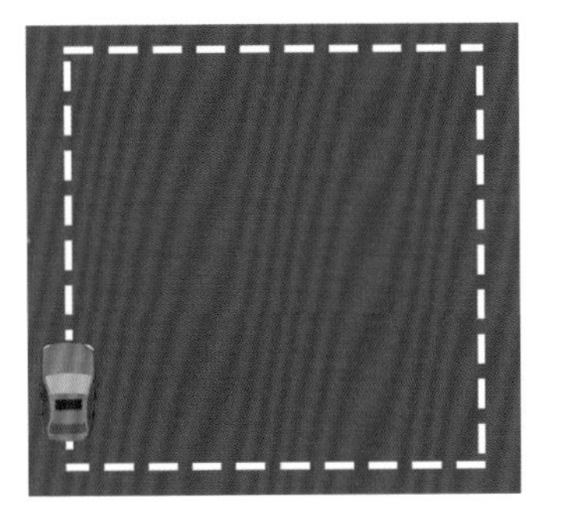

图 11–13　智能小车行驶出“正方形”的轨迹

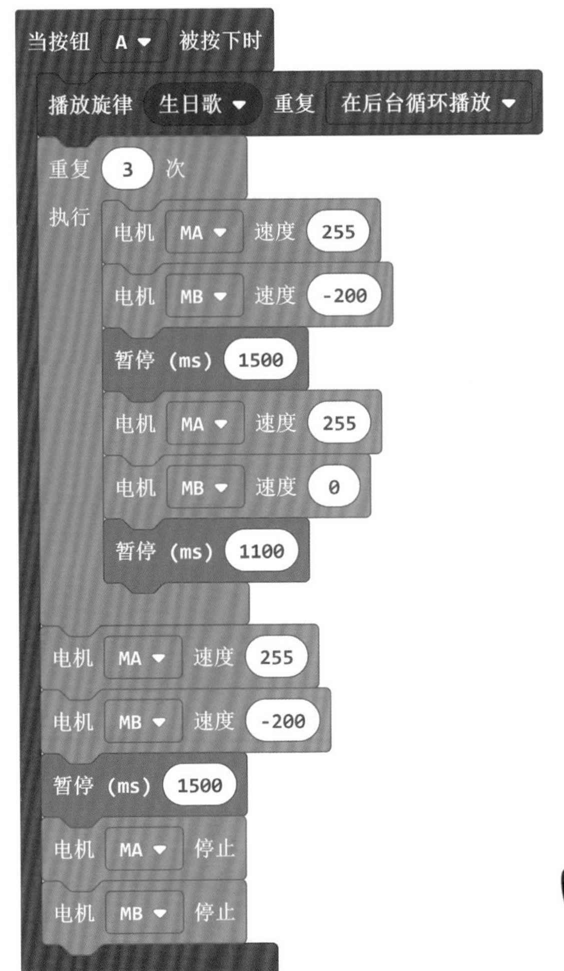

图 11–14　走四方的程序

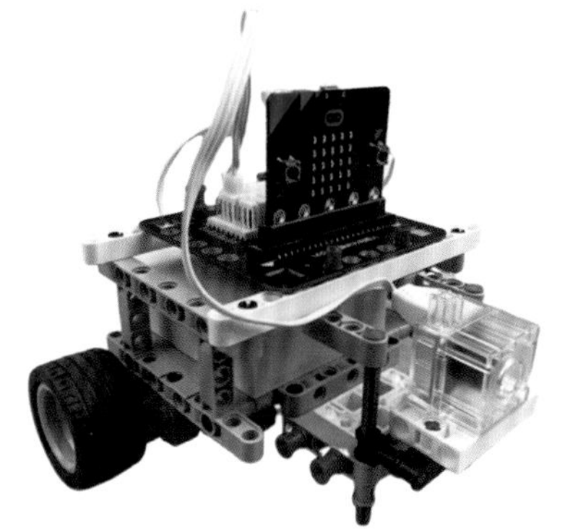

图 11–15　智能小车

任务 4：智能小车边走边唱 。

智能小车走四方，已经很厉害了，我们试试让它边走边唱吧。

智能小车边走边唱的程序如图 11–16 所示。

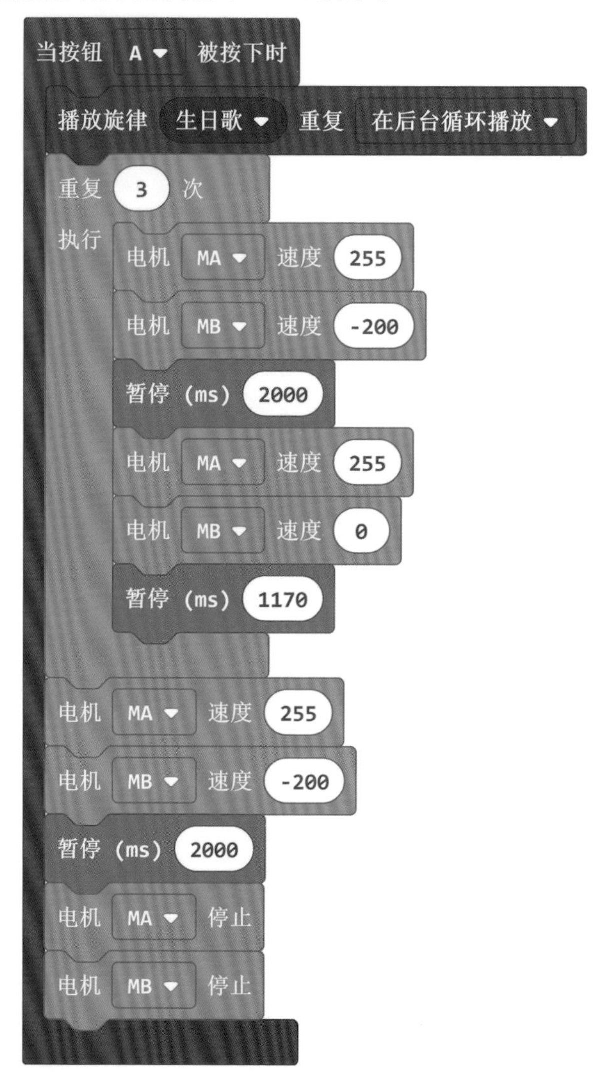

图 11–16 智能小车边走边唱的程序

五 想一想

（1）智能小车直行时却不走直线，这是为什么呢？如何解决？

（2）智能小车前进 1 s（1 000 ms）的距离，每次都是一样的吗？为什么？

六 学习进阶

智能小车折返跑，同学们比一比看看谁的机器人跑得最快!

七 知识拓展

无人驾驶汽车

无人驾驶汽车是智能汽车的一种，也称为轮式移动机器人，主要依靠车内以计算机系统为主的智能驾驶仪来实现无人驾驶的目的。无人驾驶汽车将大数据、地图、人工智能等一系列技术融合在一起，如图11-17所示。

图 11-17 无人驾驶汽车

课后答案

学习进阶

智能小车折返跑的程序如图 11-18 所示。

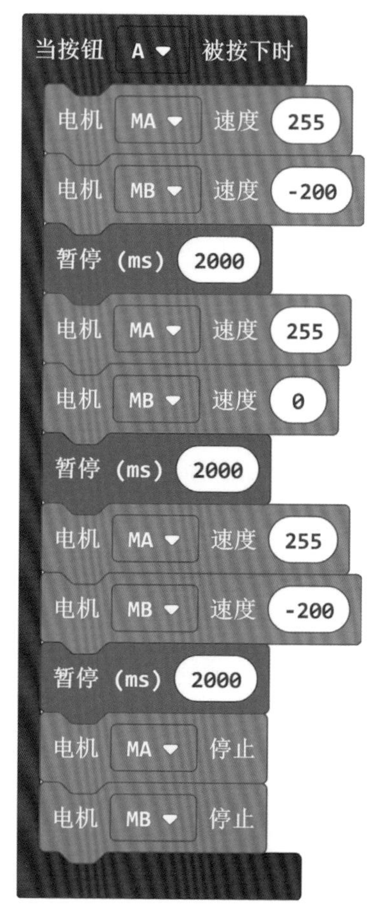

图 11-18　智能小车折返跑的程序

第12课 避障机器人

lesson twelve

一 学习目标

（1）了解触碰传感器的工作原理。

（2）掌握触碰传感器的编程方法。

（3）熟练掌握绕开障碍物的几种编程方法。

二 学习新知

触碰传感器为数字传感器，它会返回“0”和“1”两种数值，触碰传感器可以由一个很小的力量触发。当触碰传感器没有触碰到物体的时候，返回值为“0”，否则为“1”，如图 12–1 编程所示。

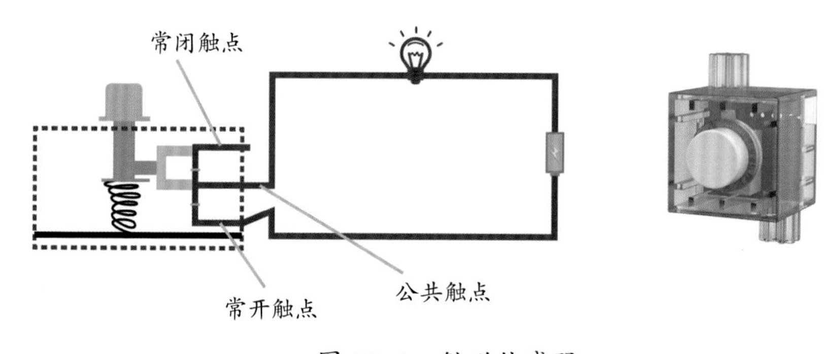

图 12–1 触碰传感器

三 设备和材料

（1）智能小车：1 辆。

（2）触碰传感器：1 个。

四 牛刀小试

任务 1: 查看触碰传感器的返回值。

编写触碰传感器返回值的程序，让我们看看触碰传感器返回的值。触碰传感器返回值的程序如图 12–2 所示。

图 12-2 触碰传感器返回值的程序

程序下载完成后，当无物体触碰时，LED 点阵上显示数字“0”，如图 12-3 所示。

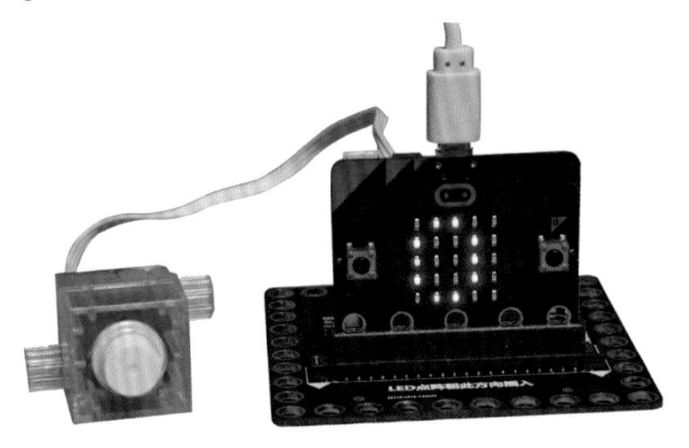

图 12-3 当无物体触碰时，LED 点阵上显示数字“0”

任务 2: 避障机器人遇到障碍物后退。

避障机器人如图 12-4 所示。编写避障机器人按下按键 A 小车前进，遇到障碍物后退的程序。

图 12-4 避障机器人

避障机器人遇障碍后退的程序如图 12–5 所示。

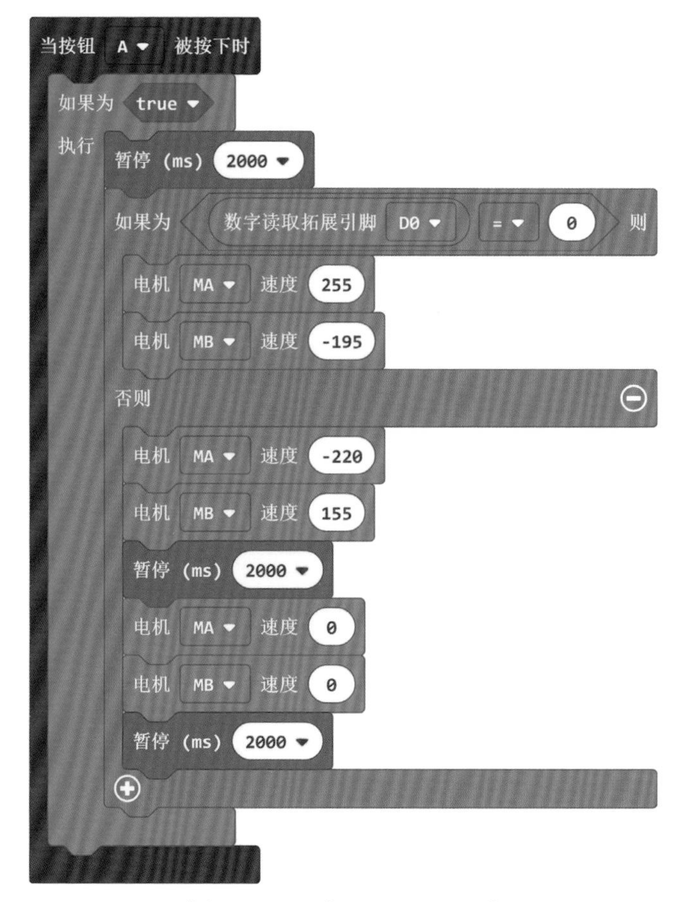

图 12–5　避障机器人遇障碍后退的程序

五 想一想

想一想有几种方法可以让避障机器人绕过障碍物（表12–1）。

表 12–1　避障机器人绕过障碍物的方法

第一种	第二种	第三种

六 学习进阶

避障机器人按下按键 A，小车前进碰到障碍物后，绕开障碍物并继续前进。

七 知识拓展

清洁机器人

打扫卫生是件非常辛苦且让人头疼的事情，好在当前市面上有种类丰富的清洁机器人可以代替我们打扫房间，帮我们从繁重的家务中解脱出来。清洁机器人如图 12-6 所示。

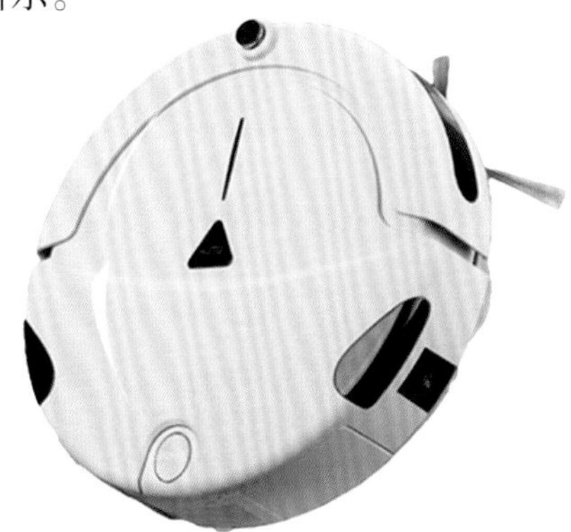

图 12-6　清洁机器人

清洁机器人特点：

（1）扫地省时、省力：整个清洁过程不需要人控制，减轻我们操作负担，省下时间可以看电视、陪家人。

（2）低噪声：小于 50 dB（分贝），清洁房间的过程免受噪声之苦。

（3）净化空气：内置活性碳，吸附空气中有害物质。

（4）轻便小巧：轻松打扫普通吸尘器清理不到的死角。

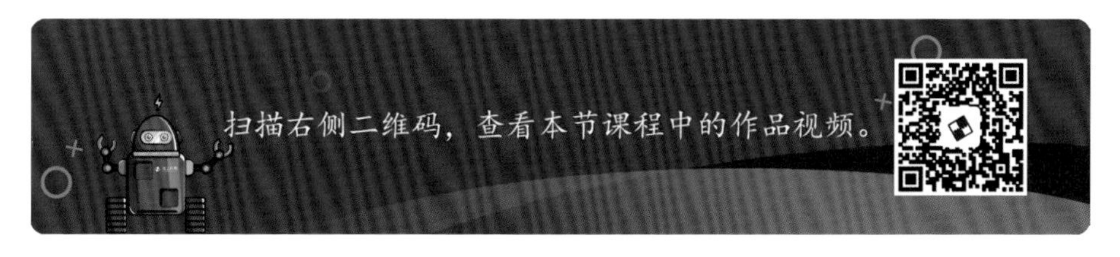

课后答案

学习进阶

绕开障碍物的程序如图 12-7 所示。

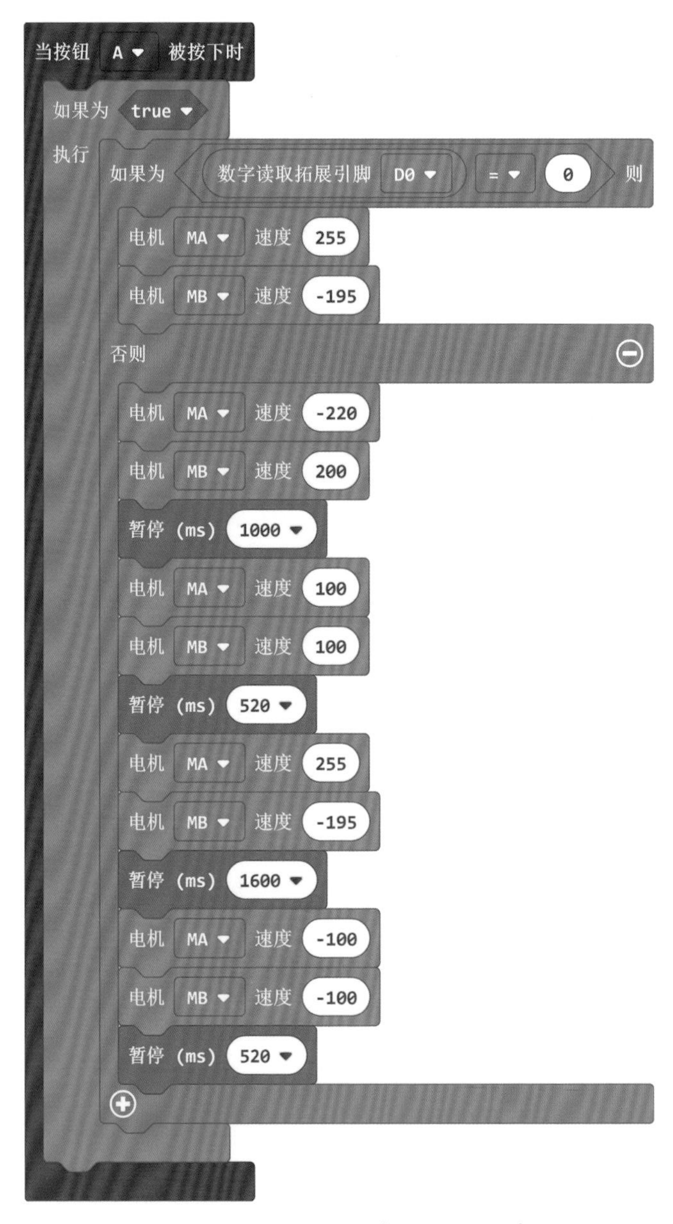

图 12-7　绕开障碍物的程序

第13课 lesson thirteen 保护能源

一 学习目标

（1）了解光电传感器的工作原理。

（2）理解光电传感器的编程方法。

（3）掌握使用光电传感器识别黑、白色的程序设计方法。

二 学习新知

光电传感器是机器人一种常用的传感器设备（图 13–1），它可以很方便地识别黑色和白色。它的工作原理是通过发射和接收红外线，根据光电传感器对于深色和浅色返回的信号不同，从而使机器人能够判别深色和浅色，如图 13–2 所示。光电传感器是比较常用的数字传感器，通常用作识别黑色和白色，如果要识别不同的颜色，光电传感器显然达不到要求。

图 13–1 光电传感器

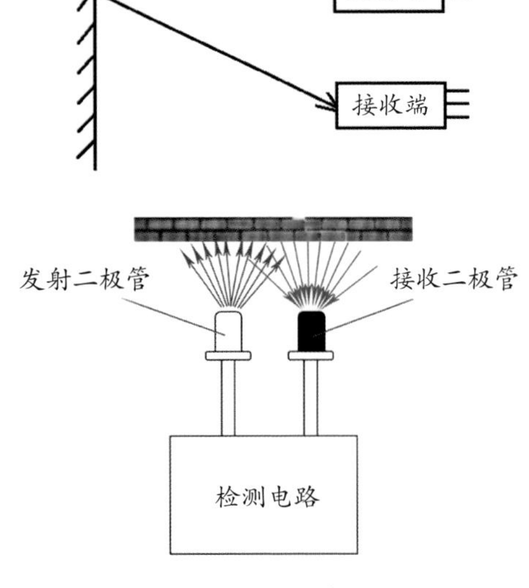

图 13–2 光电传感器原理

三 设备和材料

（1）智能小车：1 辆。

（2）光电传感器：1 块。

四 牛刀小试

任务 1：查看光电传感器的返回值。

以黑色和白色为主的场地是各种机器人竞赛常用的场地，为什么呢？这是因为黑色和白色更容易被光电传感器识别，黑色吸光，返回的光线少；白色不吸光，返回的光线多。查看光电传感器返回值的程序如图 13-3 所示。

图 13-3　光电传感器返回值的程序

任务 2：碰到黑线停止，闪灯三次。

场地示意图如图 13-4 所示，按下按键 A，让智能小车从出发区域出发前进，直到黑线时停止，并闪灯三次，程序如图 13-5 所示。

图 13-4　场地示意图

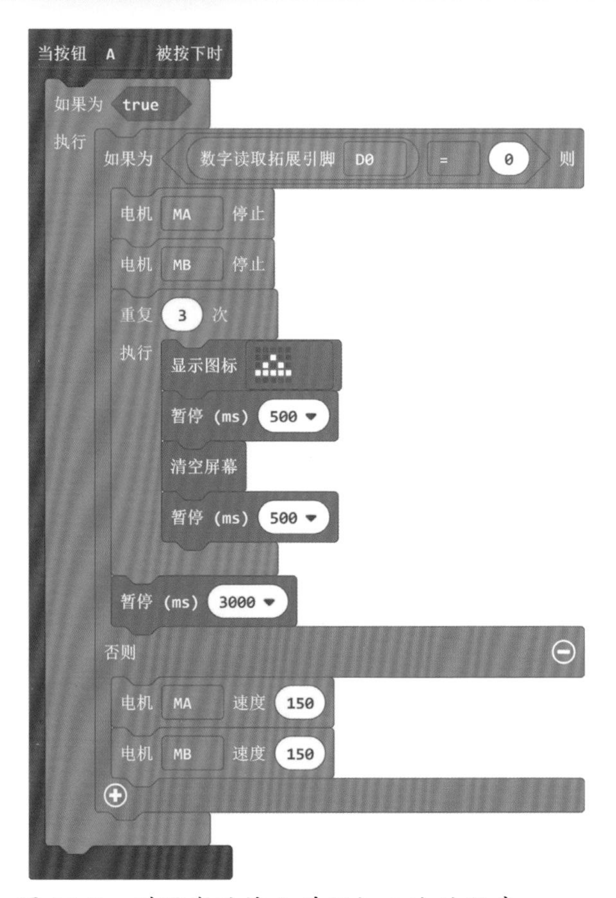

图 13-5　到黑线时停止并闪灯三次的程序

任务 3：保护能源。

保护能源场地如图 13-6 所示，让智能小车将指定的“能源”推到红色“能源区”。保护能源程序如图 13-7 所示。

图 13-6　保护能源场地图

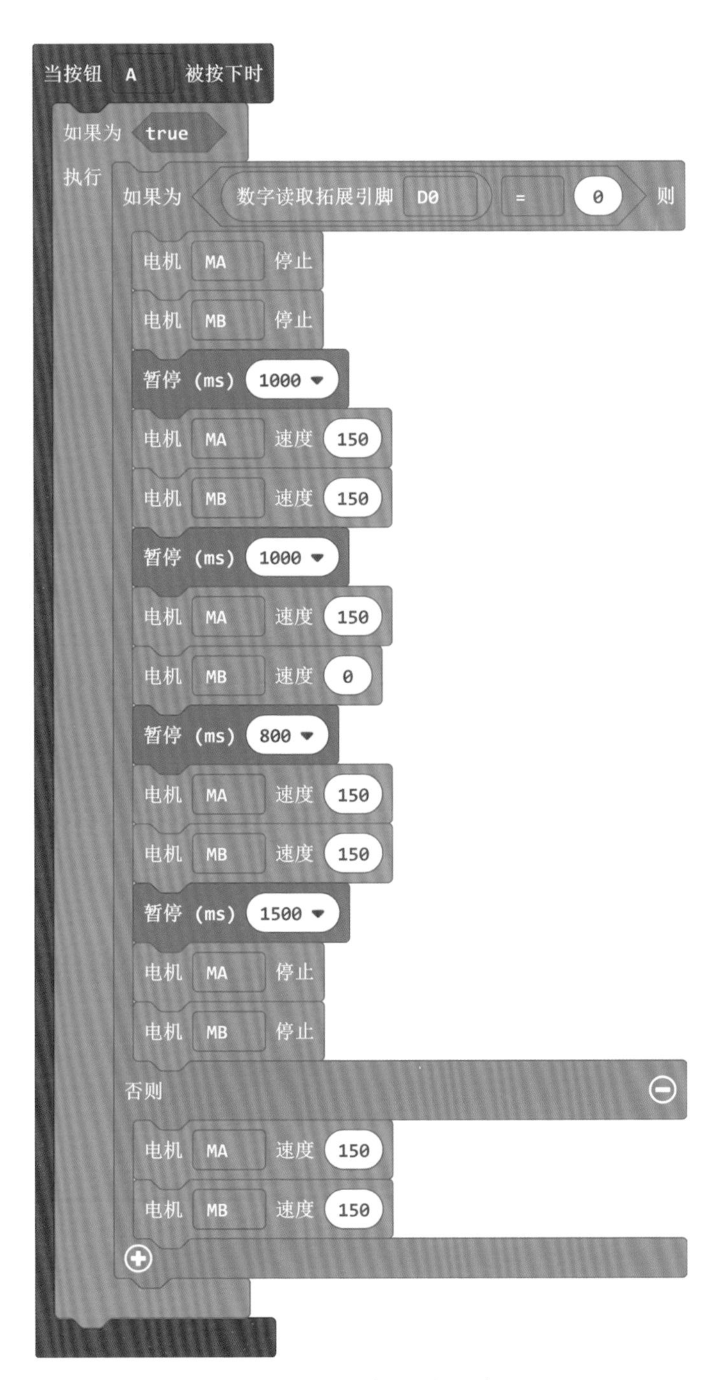

图 13-7 保护能源的程序

五 想一想

（1）光电传感器识别白色返回值是 ____；识别黑色返回值是 ______。

（2）机器人除了识别黑色和白色，对于红色、黄色、绿色如何识别呢？

六 学习进阶

黑色圈内场地如图 13-8 所示，智能小车需要在黑色圈内行驶，不能走出圈内，尝试编写程序实现。

编程实现智能小车在封闭区域内行驶，不能走出此区域。完成此任务时需要使用后面课程中的巡线地图，即黑色圈内场地图。在巡线地图中将黑色的路线作为此任务中封闭区域的边界，智能小车不得驶出黑色边界。

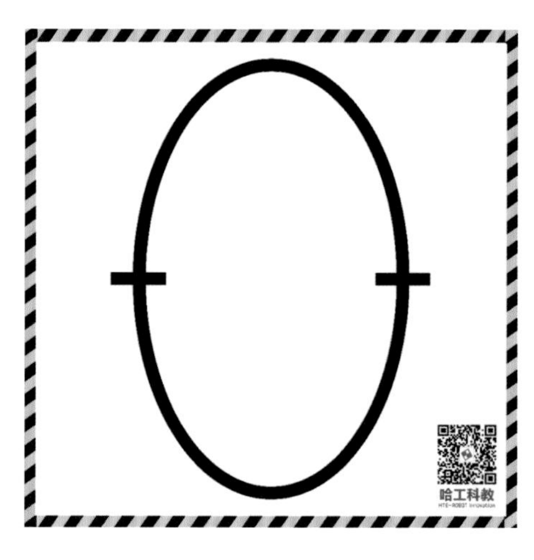

图 13-8　黑色圈内场地图

七 知识拓展

摄像头识别

摄像头可以摄录影片，也可以识别不同的颜色。巡线传感器只能识别简单的黑色、白色，但是摄像头可以识别几十种颜色。本书中所使用的 Pixy2 摄像头就可以识别多种颜色，Pixy2 摄像头如图 13-9 所示。

图 13-9 Pixy2 摄像头

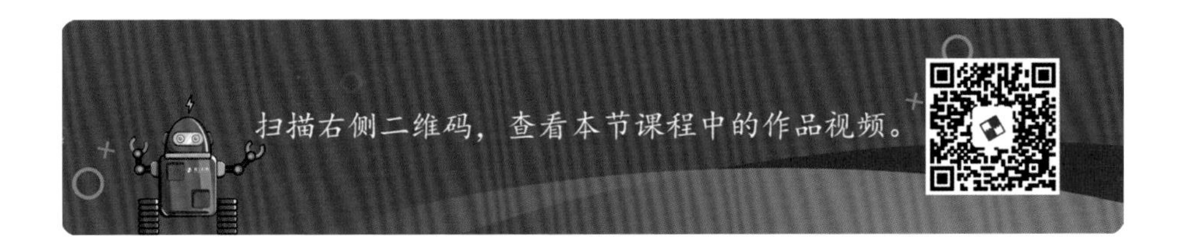

课后答案

学习进阶

智能小车需要在黑色圈内行驶的程序如图 13-10 所示。

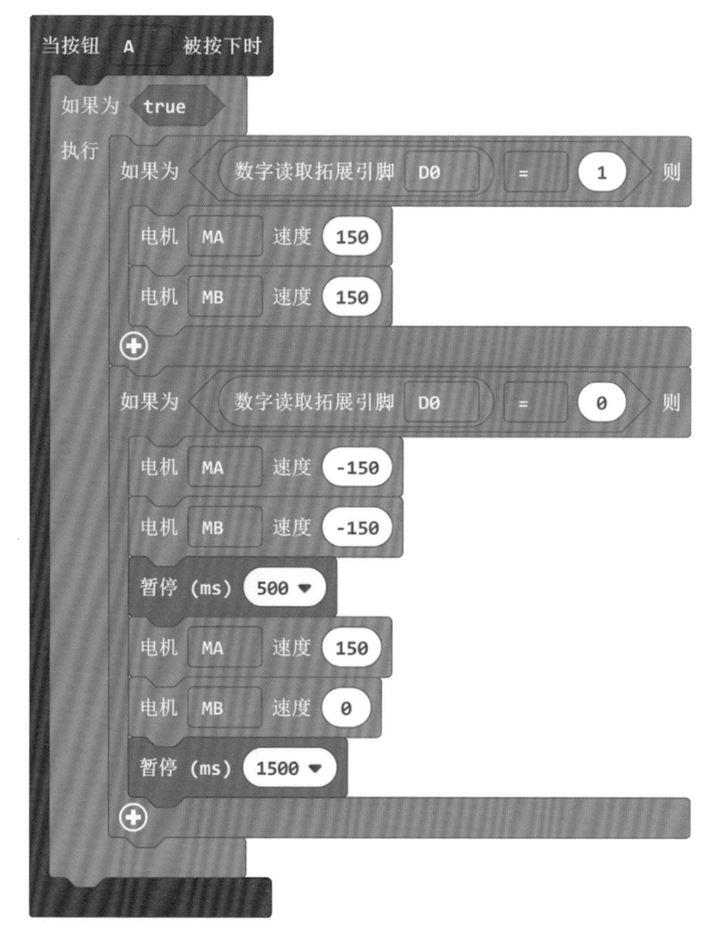

图 13-10　智能小车需要在黑色圈内行驶的程序

第14课 智能巡线车

lesson fourteen

一 学习目标

（1）了解“S 形”巡线原理。

（2）理解“S 形”巡线程序设计方法。

（3）掌握“S 形”巡线算法。

二 学习新知

“S 形”巡线是智能小车常用的巡线方式，如图 14-1 所示。当智能小车在白色区域（黑线左边）时，向右转向；当小车到达黑线时向左边白色区域转向，循环执行，可以看到智能小车将会以“S 形”向前行驶。

图 14-1　“S 形”巡线

三 设备和材料

（1）智能小车：1 辆。

（2）光电传感器：2 块。

四 牛刀小试

任务 1： “S 形”巡线基本算法。

让智能小车使用“S 形”巡线基本算法在巡线地图上巡线，当遇到黑色十字线时停止行进，完成任务。巡线地图如图 14-2 所示，智能小车“S 形”巡线的程序如图 14-3 所示。

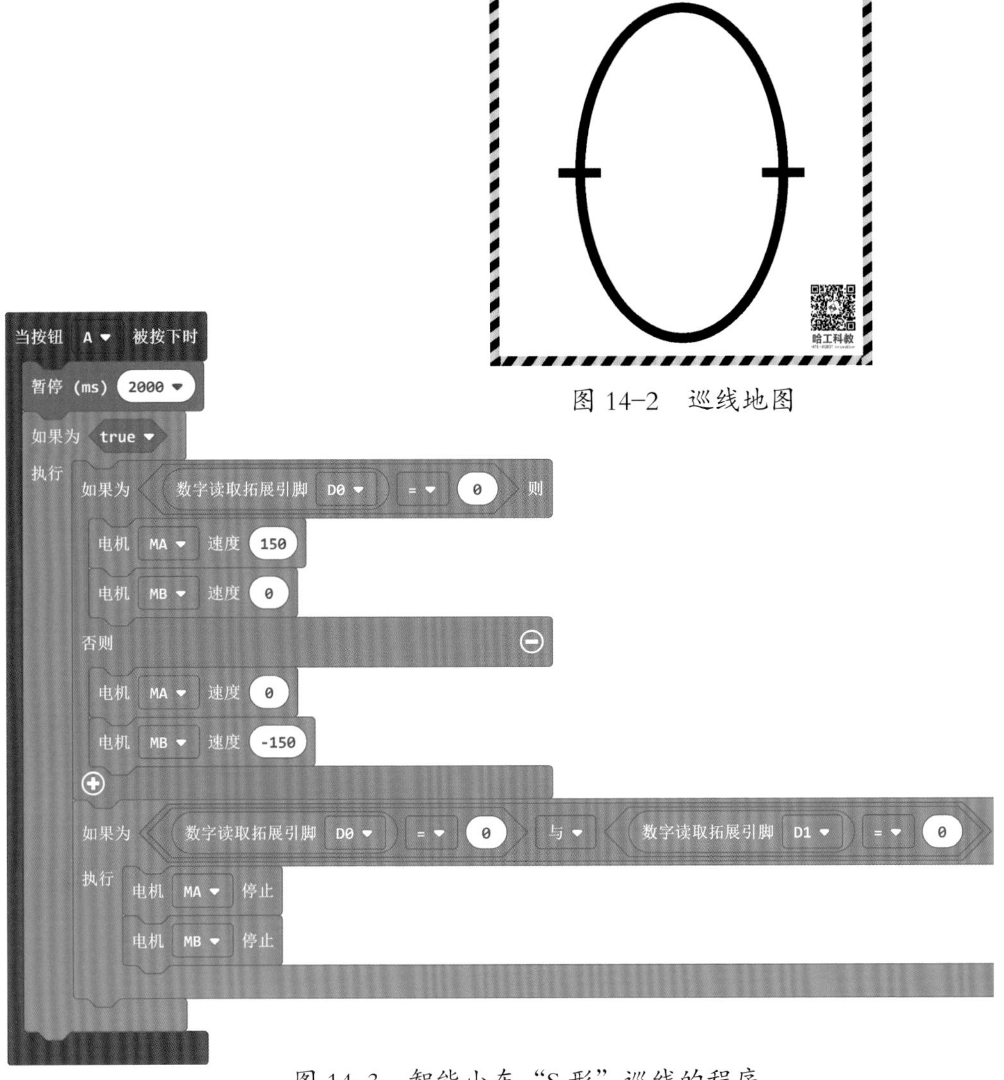

图 14-2 巡线地图

图 14-3 智能小车“S 形”巡线的程序

五 想一想

智能巡线车速度比较慢，请想一想如何优化程序让智能巡线车的速度加快?

六 学习进阶

“S 形”算法改进

请使用改进后的算法进行巡线（表 14-1），让智能巡线车更快地完成巡线任务。

表 14-1 “S 形”基本算法和改进后的算法比较

算 法	黑 线	白 线	特 点
基本算法	向左转向	向右转向	成功率高，速度慢
改进一	向左弧形前进	向右弧形前进	速度较快
改进二	直行	向右转向	速度较快

知识加油站

改进一的算法：需要通过反复调试两个电机的速度差，找到最合适的速度值。

改进二的算法：当智能小车直行的时候，可以编写程序让小车往左或往右偏一点行走，这样可以保证小车始终在黑线的一侧不过界，一旦过界了，小车就会原地打转。

七 知识拓展

双光电传感器巡线算法

双光电传感器装在智能小车前方两端，将黑线夹在中间，在两个光电传感器均检测到白色时，说明此时与黑线水平，前进即可；在左光电传感器检测到黑色而右光电传感器检测到白色的时候，说明智能小车向右偏移了一些，这时应该向左转；继而当两个光电传感器均检测到白色的时候说明智能小车又重新变正，继续前进。同理，当左光电传感器检测到白色而右光电传感器检测到黑色时，说明智能小车向左偏移了一些，这时候应该向右转；当两个光电传感器都检测到黑色时说明到了终点，这时候应该停止。这就是双光电传感器巡线的基本算法。

双光电传感器巡线算法见表 14-2。双光电传感器巡线算法的程序如图 14-4 所示。

表 14-2 双光电传感器巡线算法

传感器位置	动 作
左白，右白	前进
左黑，右白	向左转
左白，右黑	向右转
左黑，右黑	停止

图 14-4 双光电传感器巡线算法的程序

课后答案

学习进阶

智能巡线车“S形”算法改进一的程序如图 14-5 所示，改进二的程序如图 14-6 所示。

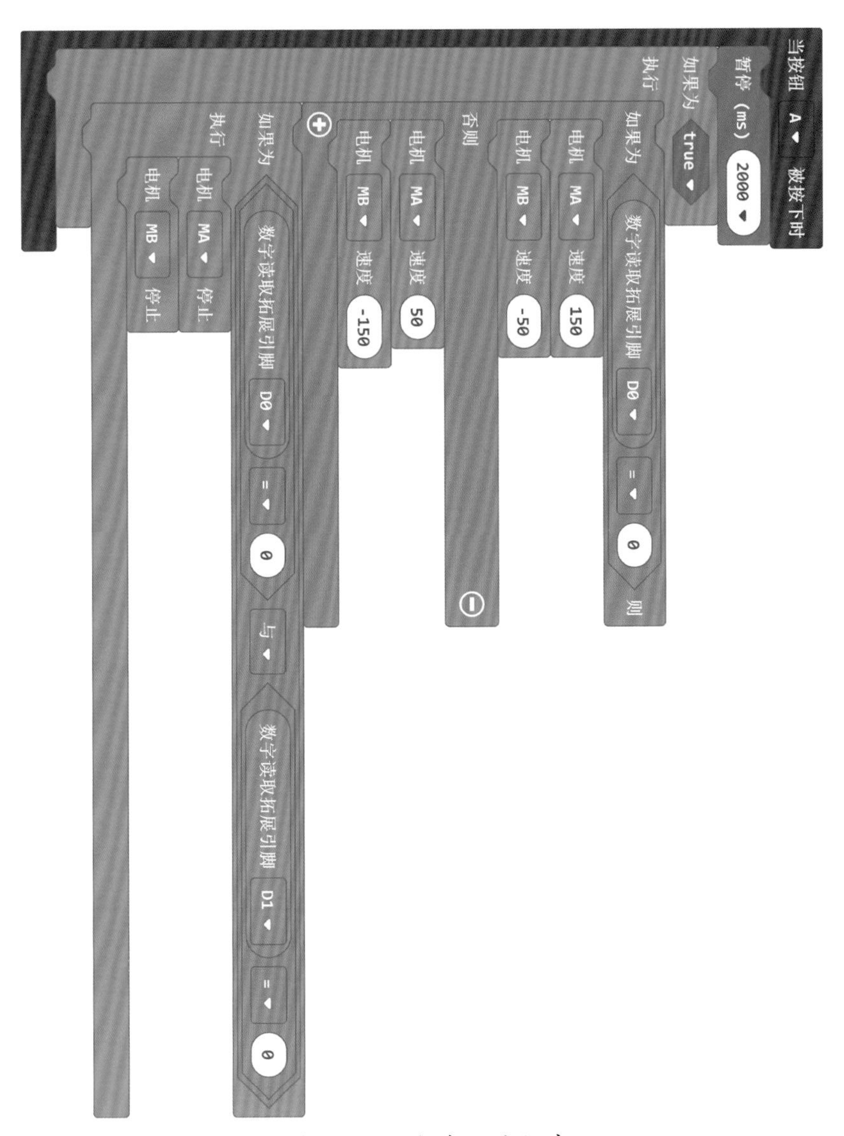

图 14-5 改进一的程序

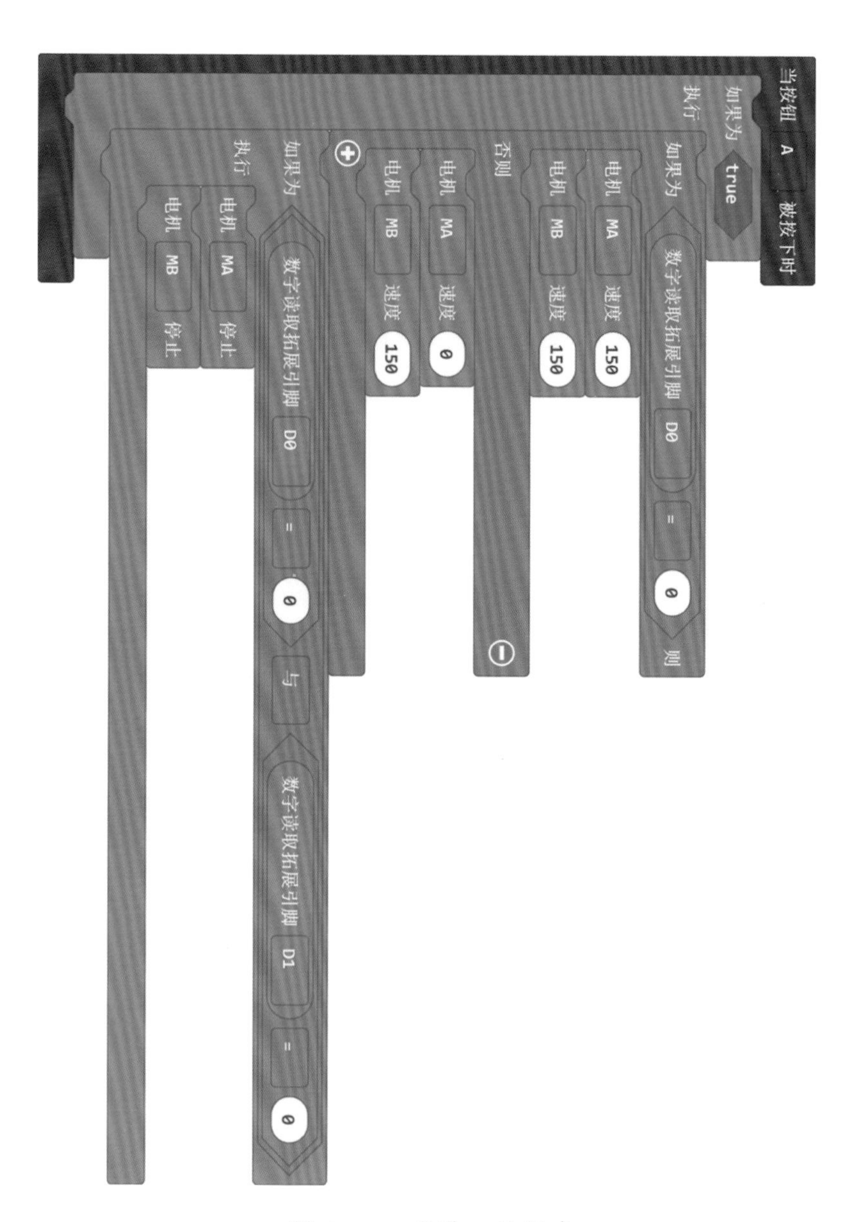
当按钮 A 被按下时
如果为 true
执行
如果为 数字读取拓展引脚 D0 = 0 则
电机 MA 速度 150
电机 MB 速度 150
否则
电机 MA 速度 0
电机 MB 速度 150
如果为 数字读取拓展引脚 D0 = 0 与 数字读取拓展引脚 D1 = 0
执行
电机 MA 停止
电机 MB 停止

图 14-6 改进二的程序

第15课 AI摄像头探秘 I

lesson fifteen

一 学习目标

（1）了解 Pixy2 摄像头的工作方式。

（2）学习数字舵机和颜色坐标的使用。

（3）掌握使用摄像头追踪颜色的方法。

二 学习新知

1. 摄像头

Pixy2 摄像头是卡内基梅隆机器人研究所开发的一款图像识别设备，如图 15–1 所示。Pixy2 可以识别颜色物体并进行追踪，也可以检测黑线、交叉点和小条形码，主要用于制作巡线机器人。

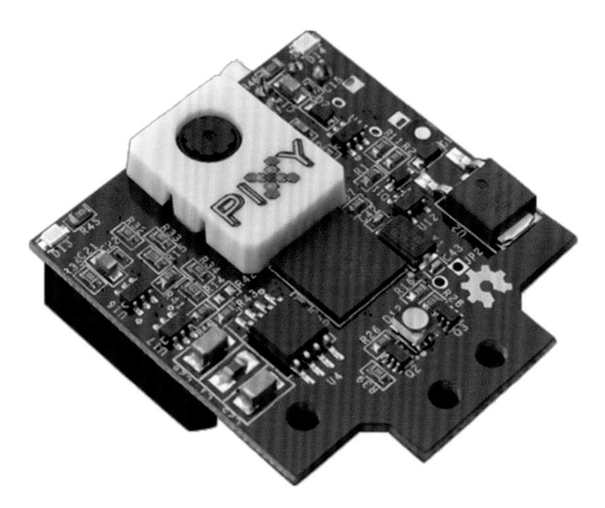

图 15–1　Pixy2 摄像头

2. 坐标

Y 中点坐标：通过程序可以得到两个坐标，一个是被追踪颜色的 *Y* 中点坐标（简称 $Y_{颜色}$），通过“人工智能 Pixy2”模块中的“被测物体中心 *Y*”

得到；另一个是视频屏幕的 Y 中点坐标（简称 $Y_{屏幕}$），这个坐标可以通过“人工智能 Pixy2”模块中的“屏幕中心 Y（像素）”得到，摄像头的坐标系如图 15-2 和图 15-3 所示。

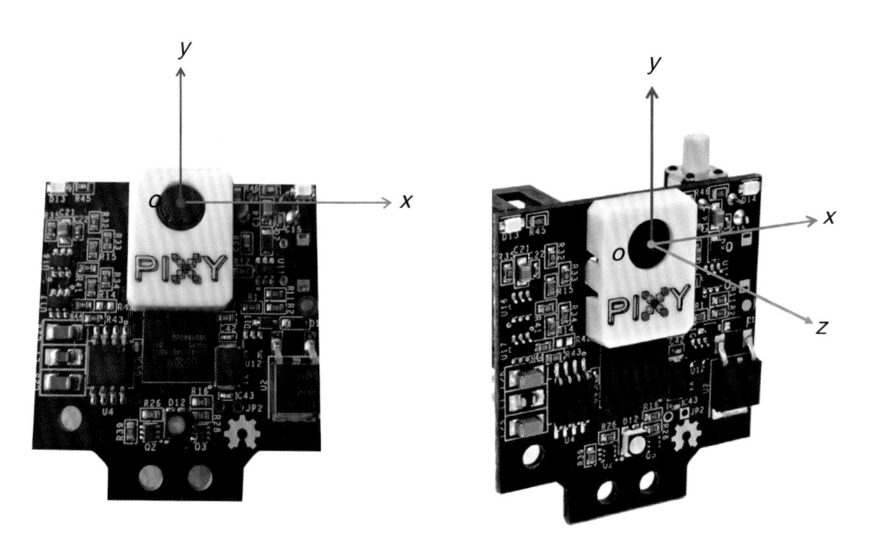

图 15-2 摄像头坐标系 1　　图 15-3 摄像头坐标系 2

摄像头坐标的范围：长度为 0 ~ 316 px；宽度为 0 ~ 208 px，如图 15-4 所示。

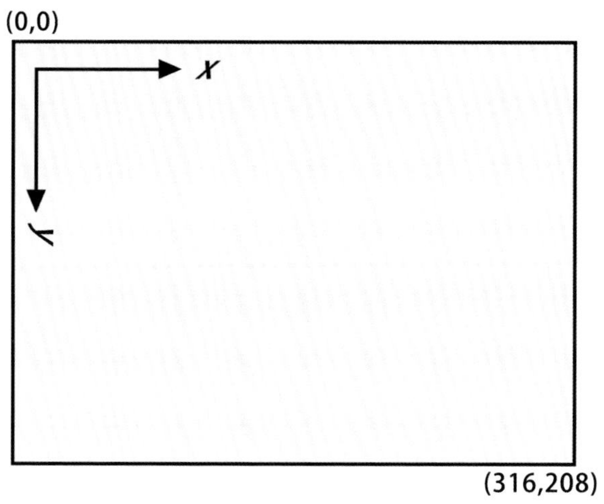

图 15-4 坐标范围

3. 舵机

智能小车使用的是9克舵机。舵机质量为9克，一般被称为9克舵机，转动范围为0 ~ 180°，它是一种数字舵机，如图15-5所示。

图15-5　数字舵机

三 设备和材料

（1）micro:bit控制器：1块。

（2）电源：1个。

（3）Micro USB数据线：1根。

（4）Pixy2摄像头：1个。

（5）舵机：1个。

（6）电机：2个。

（7）巡线地图：1张。

（8）连接线：若干。

（9）结构件：若干。

四 牛刀小试

任务1：让摄像头学习并识别红色积木块。

打开“PixyMon v2”软件，使需要被识别的颜色进入摄像头的视野范围，此时点击“Action”选项，选择“Signature1”，这时画面将静止，在画面中选择需要被识别的红色积木块，如图 15–6 所示。完成操作后，摄像头就可以识别被追踪的颜色了。

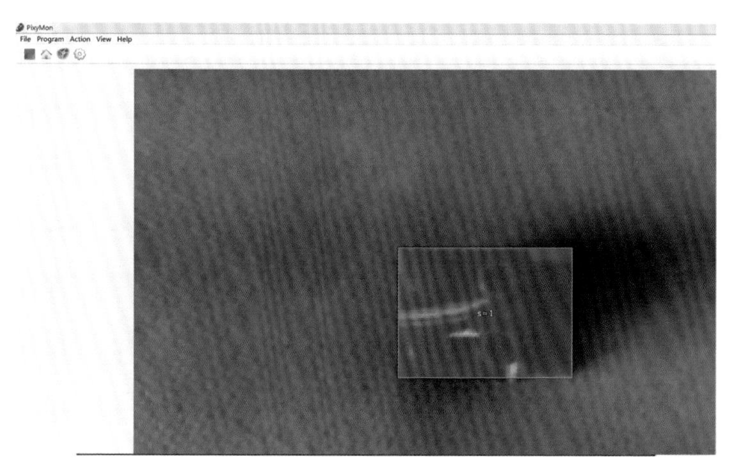

图 15–6 识别红色积木块

知识加油站

学习红色的另一种方法：

当启动 Pixy2 摄像头时，摄像头上的 LED 灯将会闪烁。等待 LED 灯关闭后，按住 Pixy2 摄像头顶部的按钮。在 1 s 后，LED 灯将亮起（这时不要松开按钮），先是白色，再是红色，然后是其他颜色。

当 LED 灯变为红色时，松开按钮。松开按钮时，Pixy2 摄像头将进入“光管”模式，将 Pixy2 摄像头直接对准场地上的红色，摄像头离地面 15 ~ 30 cm 处。

当效果达到满意时，此时按一下 Pixy2 摄像头上的按钮，就像单击鼠标一样。LED 灯将闪烁几次，表明 Pixy2 摄像头现已“学会”了红色。

当摄像头识别红色积木块后，如果识别效果不好，例如，识别红色积木块后，旁边接近红色的物体也可能被识别，这样就会在程序运行后，机器人不会准确地完成任务。为了让机器人准确完成任务，需要修改识别颜色的精度。打开“PixyMon v2 ”软件，点击“设置图标”，如图 15-7 所示。在弹出的修改栏中，选择“Signature 1 ”修改其精度值，值越小，识别精度越高，如图 15-8 所示。

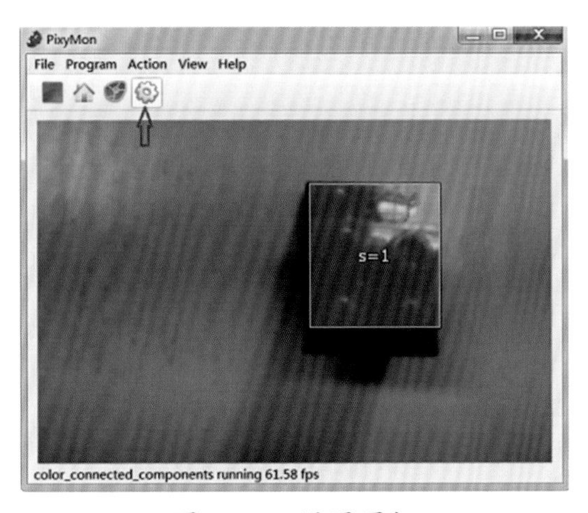

图 15-7　设置图标

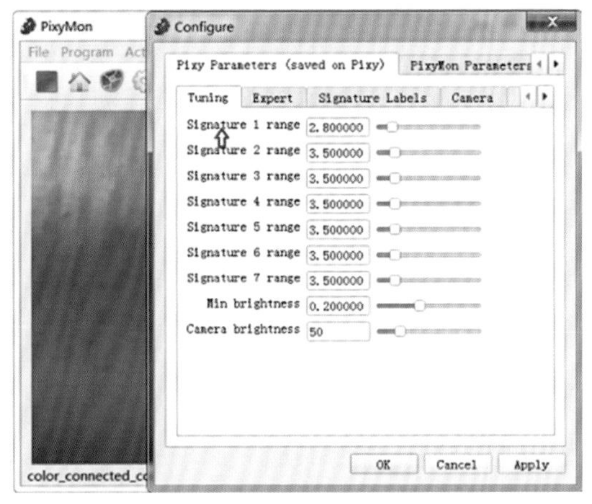

图 15-8　“Signature 1”精度设置

任务 2：摄像头可以跟随红色积木块上下移动。

摄像头随动的程序如图 15-9 所示。

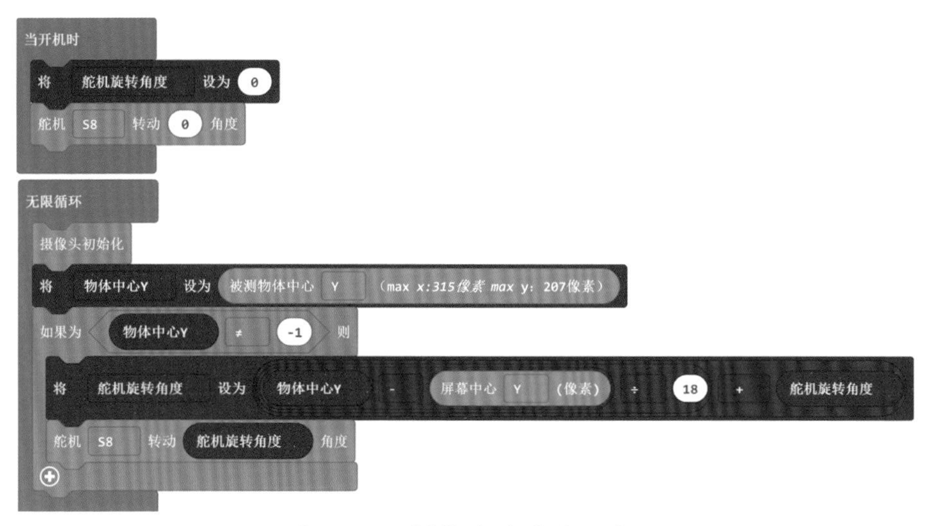

图 15-9 摄像头随动的程序

下载并运行程序，舵机就可以带动摄像头跟随红色积木块上下移动了，如图 15-10 所示。

图 15-10 舵机带动摄像头随红色积木块上下移动

五 想一想

请写出机器人学习颜色的两种方法的步骤。

（1）第一种学习颜色的方法。

① ____________________

② ____________________

③ ____________________

④ ____________________

（2）第二种学习颜色的方法。

① ______________________

② ______________________

③ ______________________

④ ______________________

六 学习进阶

机器人已经学习了颜色，下面请编写一段程序让机器人可以识别场地上的红色线条，并在红色线条处停下来。

七 知识拓展

巡线小车的制作

“S 形”追踪算法就是将通过摄像头识别颜色后的 X 中点坐标（简称 $X_{颜色}$）与屏幕的 X 中点坐标（简称 $X_{屏幕}$）相比较，如果“$X_{颜色}$”在“$X_{屏幕}$”的左边，则小车向左前转弯；如果“$X_{颜色}$”在“$X_{屏幕}$”的右边，则小车向右前转弯。巡线小车沿特定颜色轨迹行驶如图 15-11 所示。

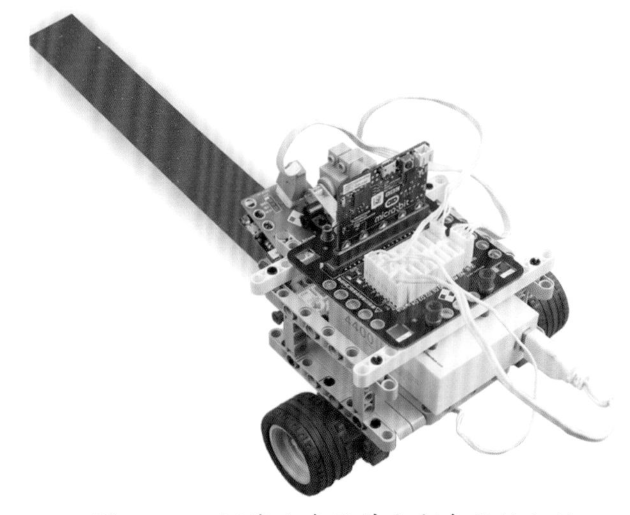

图 15-11　巡线小车沿特定颜色轨迹行驶

课后答案

学习进阶

摄像头检测到红色停的程序如图 15-12 所示。

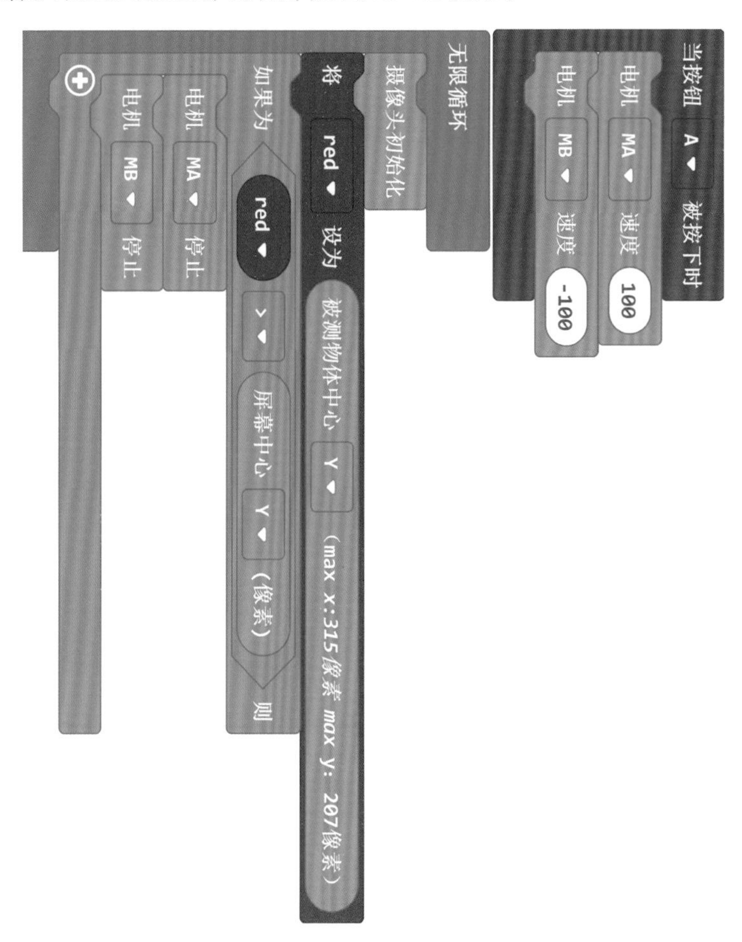

图 15-12　摄像头检测到红色停的程序

知识拓展

巡线小车沿特定颜色轨迹行驶的程序如图 15-13 所示。

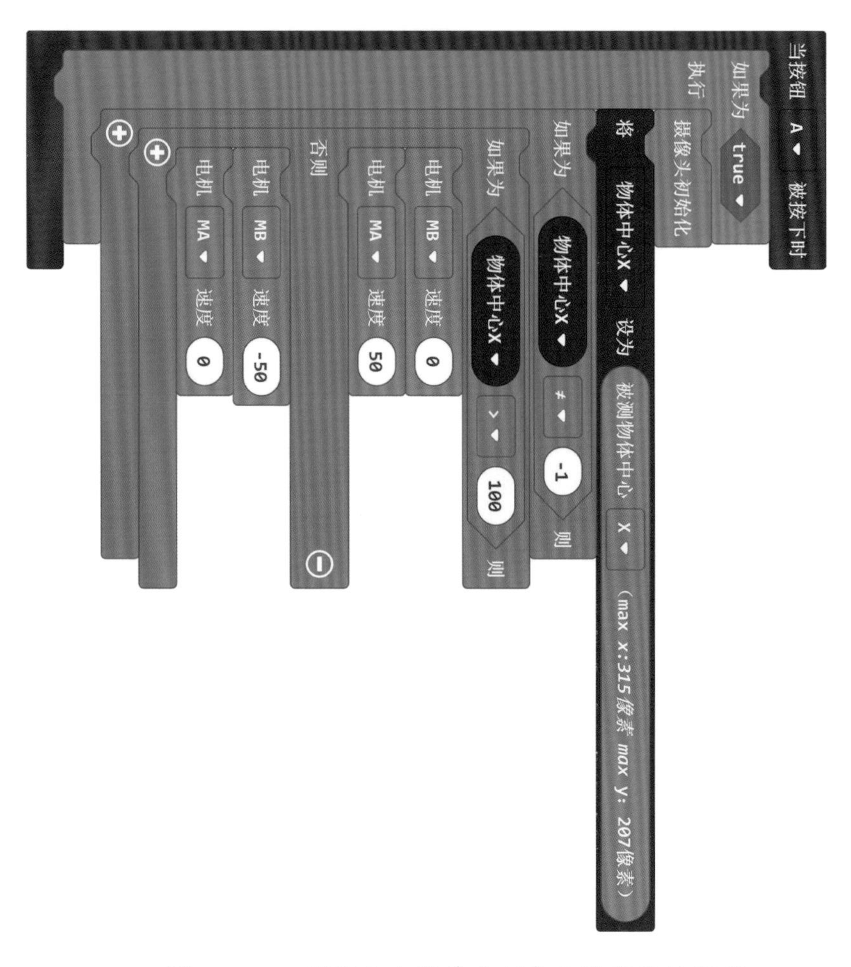

图 15-13　巡线小车沿特定颜色轨迹行驶的程序

第16课 lesson sixteen AI 摄像头探秘 Ⅱ

一 学习目标

（1）学习 Pixy2 摄像头获取特定颜色物体的大小。

（2）掌握使用 Pixy2 摄像头追踪特定颜色物体。

二 学习新知

1. 获取特定颜色物体的宽度

通过“人工智能 Pixy2”模块中的“被测物体尺寸（0 ~ 208 px）”来获取颜色物体的宽度。

三 设备和材料

（1）micro:bit 控制器：1 个。

（2）micro:bit 扩展板：1 个。

（3）Pixy2 摄像头：1 个。

（4）舵机：1 个。

（5）电机：1 个。

（6）连接线：若干。

（7）结构件：若干。

四 牛刀小试

任务 1：抓不到的机器人。

当红色积木块靠近机器人时，机器人后退；当红色积木块远离机器人时，机器人前进。抓不到的机器人的程序如图 16-1 所示。

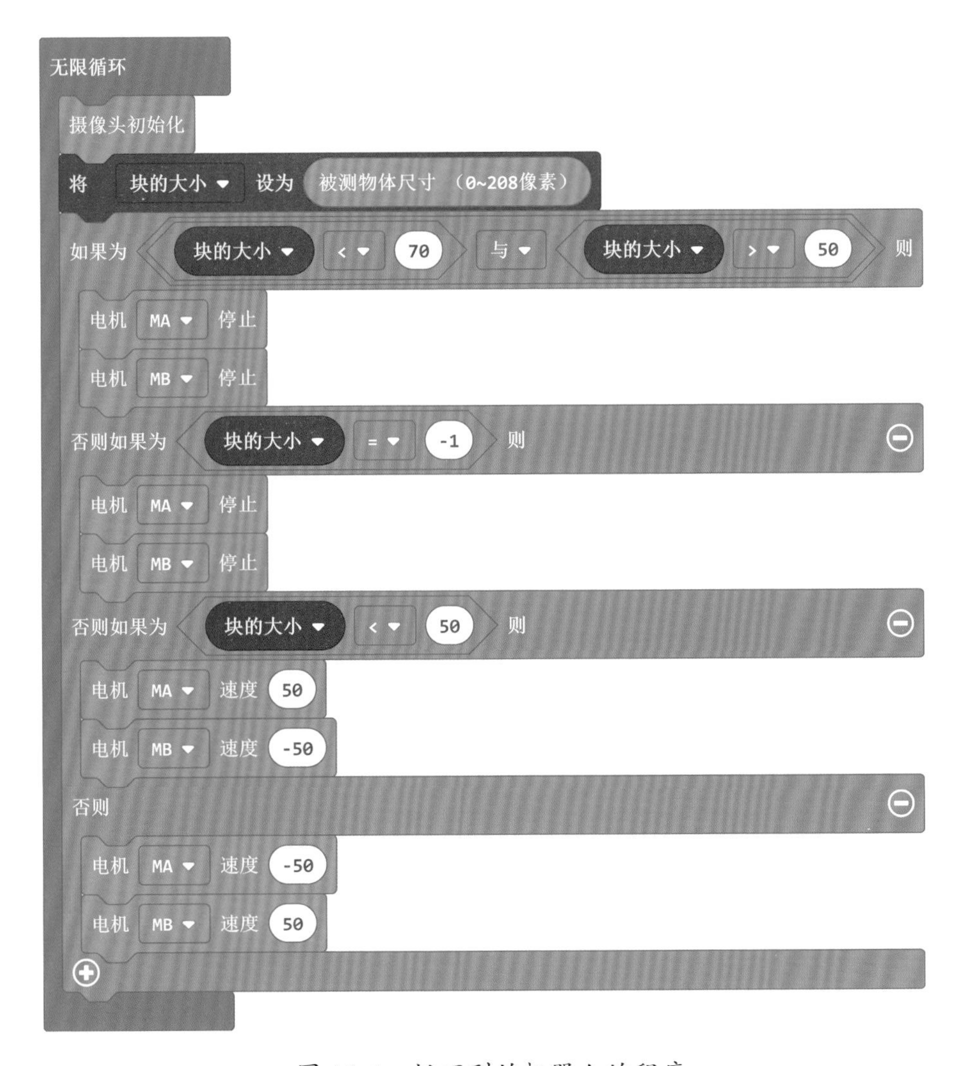

图 16-1 抓不到的机器人的程序

任务 2：机器人小车旋转寻找红色积木块。

当红色积木块的位置发生变化时，机器人小车会原地旋转寻找红色积木块。机器人小车旋转寻找红色积木块的程序如图 16-2 所示。

```
无限循环
  摄像头初始化
  将 物体中心X 设为 被测物体中心 X （max x:315像素 max y: 207像素）
  如果为 物体中心X ≠ -1 则
    如果为 物体中心X - 屏幕中心 X （像素） > 30 则
      电机 MA 速度 -50
      电机 MB 速度 -50
    否则如果为 物体中心X - 屏幕中心 X （像素） < -30 则
      电机 MA 速度 50
      电机 MB 速度 50
```

图 16-2　机器人小车旋转寻找红色积木块的程序

五 想一想

想一想红色积木块的中心坐标是如何计算的，图 16-3 中给出了红色积木块 4 个顶点的坐标位置，请计算红色物体的中心点坐标。

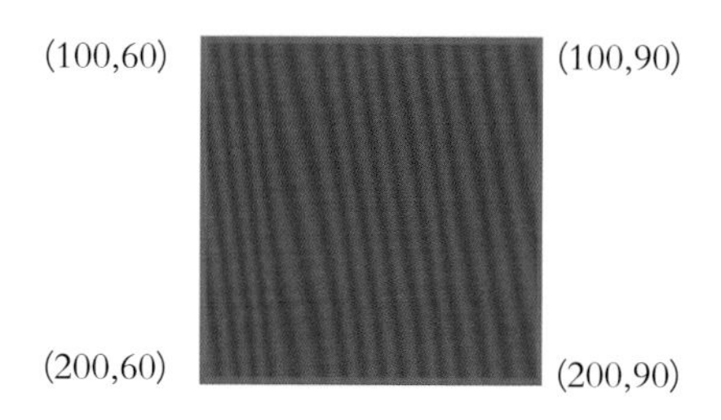

图 16-3　计算红色积木块的中心坐标

红色物体中心坐标是 (____，____)。

六 学习进阶

制作可以自动追踪红色积木块的机器人。当红色积木块的位置发生变化时，机器人也会随之做出相应的位置变化。

七 知识拓展

人脸识别

人脸识别是基于人的脸部特征信息进行身份识别的一种生物识别技术。使用摄像机或摄像头采集含有人脸的图像或视频流，并自动在图像中检测和跟踪人脸，进而对检测到的人脸进行脸部的一系列相关判别，通常也称为人像识别、面部识别（图 16-4）。

图 16-4　人脸识别

课后答案

学习进阶

机器人小车自动追踪红色积木块的程序如图 16-5 所示。

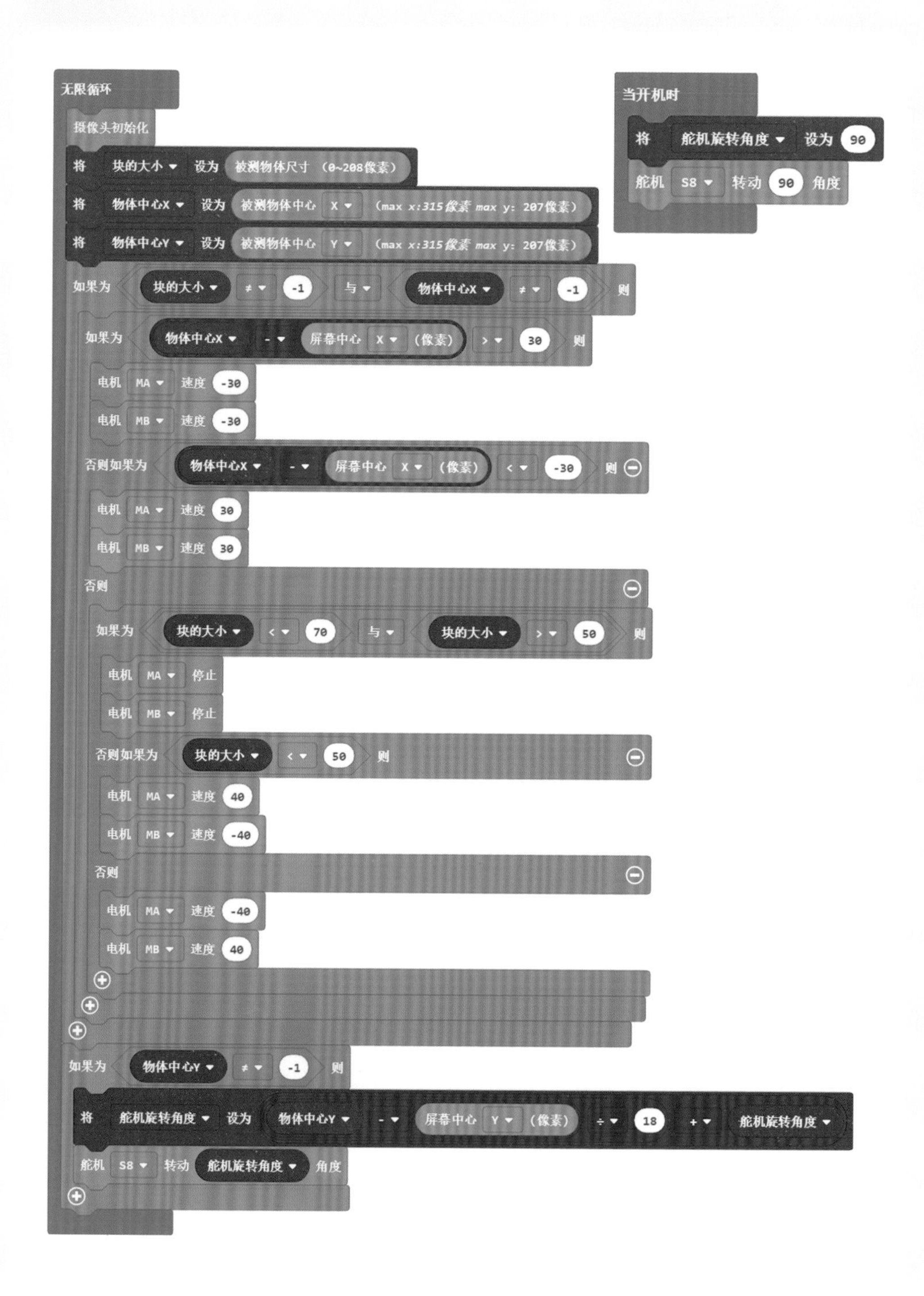

图 16-5　机器人小车自动追踪红色积木块的程序

参考文献
References

[1] 蔡鹤皋 . 机器人将是 21 世纪技术发展的热点 [J]. 中国机械工程，2000，11(1):67-69.

[2] 蔡鹤皋 . 机器人技术的发展与在制造业中的应用 [J]. 机械制造与自动化，2004，1:6-10.

[3] 蔡鹤皋 . 工业机器人的发展趋势 [J]. 自动化技术与应用，1994，2:3-6.

[4] 何友，王国宏，陆大金，等 . 多传感器信息融合及应用 [M]. 北京：电子工业出版社，2000.

[5] 李磊，叶涛，谭民，等 . 移动机器人技术研究现状与未来 [J]. 机器人，2002，24(5):475-480.

[6] SCHERZ P . Practical electronics for inventors[M]. New York: McGraw-Hill, Inc. ,2013.

[7] ALBRECHT S. Increasing computer literacy with the BBC micro:bit[J]. IEEE Pervasive Computing, 2016, 15(2):5-7.

[8] HALFACREE G .The official BBC micro:bit® user guide [M]. New York: John Wiley & Sons, Inc., 2017.

[9] SCHERZ P, MONK S. 实用电子元器件与电路基础：第 2 版 [M]. 夏建生，王仲奕，刘晓晖，等译 . 北京：电子工业出版社，2009.